普通高等院校计算机科学与技术专业面向应用系列规划教材

# Linux 系统与服务管理案例教程

杨 菁 杨业令 主 编

曹天人 钟 璐 副主编

北京理工大学出版社

BEIJING INSTITUTE OF TECHNOLOGY PRESS

## 内容简介

Linux 是一套免费使用和自由传播的类 UNIX 操作系统，因良好的稳定性、优异的性能、低廉的价格以及开放的源代码，而使其应用领域日趋广泛。目前，Linux 的应用领域主要包括桌面应用领域、高端服务器领域以及嵌入式应用领域。本书主要关注 Linux 在服务器领域的应用。

本书主要分为系统管理、服务管理、安全管理和 Linux 实战四部分。第一部分由第 1~6 章组成，指导读者搭建 Linux 系统平台并进行系统的常规管理；第二部分由第 7~11 章组成，主要分析企业应用需求，指导读者根据需求配置应用服务器；第三部分由第 12、13 章组成，浅析 Linux 系统如何消除安全隐患，加固系统；第四部分即第 14 章，通过模拟项目从需求分析到项目实施的过程，帮助读者实现从理论到实践的完美过渡。

Linux 操作系统的精髓在于命令和文件，本书不从图形界面的角度出发，而是以命令行的方式入手。本书以由浅入深的方式讲解，故同样适合于 Linux 初学者——只需具备一定网络基础和 Windows 操作系统基础即可。

本书主要用作各应用型本科院校计算机类专业 Linux 课程的教材，也可作为高等职业院校计算机类专业的教材，还可作为 Linux 爱好者的学习用书。

**图书在版编目（CIP）数据**

Linux 系统与服务管理案例教程/杨菁，杨业令主编. —北京：北京理工大学出版社，2016.7（2019.12 重印）

ISBN 978-7-5682-2621-9

Ⅰ．①L…　Ⅱ．①杨…　②杨…　Ⅲ．①Linux 操作系统—教材　Ⅳ．①TP316.89

中国版本图书馆 CIP 数据核字（2016）第 163491 号

| | | |
|---|---|---|
| 出版发行 / 北京理工大学出版社有限责任公司 | | |
| 社　　址 / 北京市海淀区中关村南大街 5 号 | | |
| 邮　　编 / 100081 | | |
| 电　　话 /（010）68914775（总编室） | | |
| 　　　　　（010）82562903（教材售后服务热线） | | |
| 　　　　　（010）68948351（其他图书服务热线） | | |
| 网　　址 / http://www.bitpress.com.cn | | |
| 经　　销 / 全国各地新华书店 | | |
| 印　　刷 / 北京国马印刷厂 | | |
| 开　　本 / 787 毫米×1092 毫米　1/16 | | |
| 印　　张 / 16 | | 责任编辑 / 封　雪 |
| 字　　数 / 397 千字 | | 文案编辑 / 封　雪 |
| 版　　次 / 2016 年 7 月第 1 版　2019 年 12 月第 3 次印刷 | | 责任校对 / 周瑞红 |
| 定　　价 / 42.00 元 | | 责任印制 / 李志强 |

# 前　言

Linux 是一套免费使用和自由传播的类 UNIX 操作系统，是一个基于 POSIX 和 UNIX 的多用户、多任务、支持多线程和多 CPU 的操作系统。它能运行主要的 UNIX 工具软件、应用程序和网络协议。Linux 继承了 UNIX 以网络为核心的设计思想，是一个性能稳定的多用户网络操作系统。Linux 正在拥有越来越多的用户，也逐渐被应用于更多的领域。随着在服务器领域的快速发展，并且凭借着诸多优势，Linux 正逐步在打破 Windows 的垄断地位。

**Linux 的特点**

（1）开放性。Linux 遵循世界标准规范，特别是遵循开放系统互连（OSI）国际标准。凡遵循国际标准所开发的硬件和软件，都能彼此兼容，可方便地实现互连。

（2）多用户。系统资源可以被不同用户各自拥有使用，即每个用户对自己的资源有特定的权限，互不影响。

（3）多任务。多任务是现代计算机最主要的一个特点。它是指计算机同时执行多个程序，而且各个程序的运行互相独立。Linux 系统调度每一个进程，平等地访问处理器。

（4）良好的用户界面。Linux 向用户提供了两种界面：图形界面和命令行界面。Linux 的传统的命令行界面，具有很强的程序设计能力，可供用户方便地编写程序，从而扩充系统功能。也可用直观、操作简便的图形界面帮助用户完成系统管理任务。

（5）设备独立性。Linux 操作系统把所有外部设备统一当作文件来看待，只要安装它们的驱动程序，任何用户都可以像使用文件一样使用这些设备，而不必知道设备的具体存在形式。

（6）提供了丰富的网络功能。Linux 在通信和网络功能方面优于其他操作系统，为用户提供了完善的、强大的网络功能。

（7）可靠的系统安全。Linux 采取了许多安全技术措施，包括权限控制、带保护的子系统、审计跟踪、核心授权等，这为多用户环境提供了必要的安全保障。

**本书的特点**

（1）前期准备充分，适合实际教学需要。本书的编写者既有多年 Linux 教学经验的一线教师，也有来自 IT 企业的资深技术人员，在内容深度、系统结构、案例选择、编写方法等方面均为多年的积累总结。

（2）编写目标明确，对象针对性强。本书主要面向应用型本科计算机类专业的学生，符合目前高等院校此类课程的课程标准以及发展趋势。

（3）突出能力的培养，适应人才市场需求。本书贴近市场对计算机人才的能力要求，注重理论与实践的结合，每章节的案例来源于实际工作的问题总结，均能反映现实中的真实情况。

此外，章节之后还加入了扩展任务，让学生在总结所学之后还能有一定的思考，为学生快速适应企业实际需求做好准备。

（4）软件资源丰富，教学环境实现容易。本书采用 Red Hat Enterprise Linux（红帽企业版）的免费版 CentOS，此 Linux 版本众多，软件资源丰富，对硬件配置要求较低，实践环境容易搭建。

**本书内容体系**

全书共 14 章，分为 4 个部分，由杨菁负责总体设计并完成第 5、6、9、10、11、14 章，杨业令编写第 1、2、7、8、12、13 章，曹天人编写第 3 章和第 4 章，钟璐编写第 1 章。

第一部分：系统管理，由第1~6章组成，主要介绍 Linux 操作系统以及如何搭建 Linux 系统平台，并进行系统的常规管理。

第二部分：服务管理，由第7~11章组成，主要分析企业应用需求，根据需求配置各种应用服务器。

第三部分：安全管理，由第12、13章组成，浅析 Linux 系统如何消除安全隐患，加固系统。

第四部分：实战，即第14章，通过模拟项目从需求分析到项目实施的过程，帮助读者实现从理论到实践的完美过渡。

**本书读者对象**

● 应用型本科院校学生

● 大中专院校学生

● Linux 初学者

● Linux 技术爱好者

● 相关培训机构的学员

由于编者水平有限，加之时间紧迫，书中难免存在疏漏和不足之处，敬请读者批评指正。

编　者

# 目　录

## 第一部分　系统管理

# 第二部分　服务管理

# 第三部分 安全管理

# 第一部分　系统管理

# 第 1 章

# 搭建 Linux 系统平台

随着通信技术与计算机网络技术的飞速发展、因特网的日益普及，Linux 作为一个网络操作系统，在各个方面得到广泛的应用。Linux 在服务器、嵌入式等方面已经取得不俗的成绩，在桌面系统方面，也逐渐受到欢迎。Linux 操作系统以低廉的价格和可靠性跻身业界主流。

📖 **学习目标**

    ☐ 了解 Linux 系统的起源和发展
    ☐ 了解 Linux 系统在企业中的应用
    ☐ 能够安装 Linux 操作系统

📖 **相关知识**

## 1.1　Linux 系统简介

Linux 是一套类 UNIX 计算机操作系统，现已成为商业应用领域中一个功能强大的操作系统，因此了解 Linux 是非常有必要的。Linux 最大的特点就是它的源代码是自由开放的，也就是说，每个人都可以用它的源代码进行学习。Linux 自诞生以来，凭借其稳定、安全、高性能和高扩展性等优点，受到广大用户的欢迎，是目前最为流行的操作系统之一。

### 1.1.1　Linux 的起源和发展

#### 1．Linux 的产生

Linux 是一种计算机操作系统，通常被称为类 UNIX 系统，这是因为 Linux 和 UNIX 有着很深的渊源。在计算机价格非常昂贵的年代，只有在大学或大型企业中才能够接触到计算机，人们非常希望多个用户能同时连接到一台计算机并同时使用它。于是，计算机科学家开始研究分时系统。分时系统是将 CPU 的运行时间分为很小的时间片，多个用户任务可以通过交替占有时间片的方式实现快速交互使用 CPU。由于时间片是很短的一段时间，以至于每个用户任务、每个用户好像在独占 CPU，独占整个计算机系统。在研究人员的不懈努力下，1969 年，AT&T 公司贝尔实验室开发出了 UNIX 系统。

1986 年，芬兰赫尔辛基大学的 Andrew Tanenbaum 教授为了给学生讲授《计算机操作系统》课程，开发出了 Minix 系统，这是 UNIX 的一个变体。1991 年，Andrew Tanenbaum 教授的学生 Linus Torvalds，由于对课堂上使用的 Minix 系统不太满意，于是开始在 386 PC 上试着改进 Minix 系统。1991 年 8 月，Linus Torvalds 在 comp.os.minix 新闻组贴上了以下这段话：“你好，所有使用 Minix 的人，我正在为 386（486）AT 做一个免费的操作系统，只是为了爱好。”Linus 最初为自己的这套系统取名为 freax，他将源代码放在了芬兰的一个 FTP 站点上供用户下载。该站点的管理员认为这个系统是 Linus 的 Minix 系统，因此建立了一个名为 Linux 的文件夹来存放它。于是，Linus 的“爱好”就成了今天微软的头号对手，功能强大且价格低廉的 Linux 操作系统。1993 年底至 1994 年初，Linux 1.0 终于诞生了！

Linux 的发音为“Lin-noks”，中文发音为“利尼克斯”。

Linux 的标志是可爱的企鹅，取自芬兰的吉祥物，如图 1-1 所示。

图 1-1　Linux 的标志

### 2. Linux 的发布

1991 年 10 月，Linux 第一个公开版 0.02 版发布。

1994 年 3 月，Linux 1.0 版发布。

1999 年，Linux 2.2 发布；GNOME 1.0 发布；支持 Linux 2.2 的 Red Hat 6.0 发布；IBM 推出全面支持 Linux 计划；HP 宣布支持 Linux。

1999—2003 年，各种 Linux 版本不断发布，在市场上的影响巨大。

### 3. Linux 发行版本

许多公司或社团将内核、源代码及相关的应用程序组织构成一个完整的操作系统，让普通的用户可以简便地安装和使用 Linux，这就是所谓的“发行版本（distribution）”。目前各种发行版本有数十种，它们的发行版本号各不相同，下面就为读者介绍目前比较著名的几个发行版本。

（1）Red Hat Linux。Red Hat 是最成功的 Linux 发行版本之一，它的特点是安装和使用简单。Red Hat 可以让用户很快享受到 Linux 的强大功能并且免去烦琐的安装与设置工作。Red Hat 是全球最流行的 Linux，已经成为 Linux 的代名词，许多人一提到 Linux 就会想到 Red Hat。它曾被权威计算机杂志《InfoWorld》评为“最佳 Linux”。

（官方网站：http://www.redhat.com/ ）

（2）Slackware Linux。Slackware 是历史最悠久的 Linux 发行版，它的特点是尽量采用原版的软件包而不进行任何修改，因此软件制造新 bug 的概率低了很多。在其他主流发行版强调易用性时，Slackware 依然执着地追求最原始的效率——所有配置均要通过配置文件来进行。

（官方网站：http://www.slackware.com）

（3）Mandriva Linux。Mandriva 的原名是 Mandrake，它的特点是集成了轻松愉快的图形化桌面环境以及自行研制的图形化配置工具。Mandrake 在易用性方面的确下了不少功夫，从而迅速成为设置易用、实用的代名词。Red Hat 默认采用 GNOME 桌面系统，而 Mandriva 将之改为 KDE。

（官方网站：http://www.mandrivalinux.com）

（4）SuSE Linux。SuSE 是德国最著名的 Linux 发行版，在世界范围也享有较高的声誉，它的特点是使用了自主开发的软件包管理系统 YaST。2003 年 11 月，Novell 收购了 SuSE，使 SuSE 成为 Red Hat 一个强大的竞争对手，同时还为 Novell 正在与微软进行的竞争提供了一个新的方向。

（官方网站：http://www.novell.com）

（5）红旗 Linux。红旗 Linux 是中国基础软件在产业化进程中具有里程碑意义的胜利，它是中国第一个"土生土长"的 Linux 发行版，对中文支持得最好，而且界面和操作的设计都符合中国人的习惯。

（官方网站：http://www.redflag-linux.com）

## 1.1.2 Linux 在企业中的应用

（1）Internet/Intranet。这是目前 Linux 用得最多的一项，它可提供包括 Web 服务器、FTP 服务器、Gopher 服务器、SMTP/POP3 邮件服务器、Proxy/Cache 服务器、DNS 服务器等全部 Internet 服务。Linux 内核支持 IPalias、PPP 和 IPtunneling，这些功能可用于建立虚拟主机、虚拟服务、虚拟专用网（Virtual Private Network，VPN）等。主要运行于 Linux 之上的 Apache Web 服务器，1998 年的市场占有率为 49%，远远超过微软、网景等几家大公司之和。

（2）由于 Linux 拥有出色的联网能力，因此它可用于大型分布式计算，如动画制作、科学计算、数据库及文件服务器等。

（3）作为可在低平台下运行的 UNIX 完整（且免费）的实现，广泛应用于各级院校的教学和科研工作，如墨西哥政府已经宣布在其国内所有中小学配置 Linux 并为学生提供 Internet 服务。

（4）桌面和办公应用。目前这方面的应用人数还远不如微软的 Windows，其原因不仅由于 Linux 桌面应用软件的数量远不如 Windows 应用得多，同时也因为自由软件的特性使得其几乎没有广告支持（虽然 Star Office 的功能并不亚于 MS Office，但知道的人并不多）。

如今，通常可以通过两个途径获得 Linux 的发行版：①直接从 Internet 下载，例如 Red Hat 站点：http://www.redhat.com；②更为方便的方法是购买 Linux 发行商推出的 CD-ROM，这样不仅可以节省下载的时间和费用，还可以使用 CD-ROM 直接启动快速安装，并且 CD-ROM 上往往还包括非常庞大的应用软件集（多达数百兆），包括各种服务器软件、X-Window、桌面应用、数据库、编程语言、文档等，安装和使用都非常方便。

# 1.2　安装 Linux 操作系统

## 1.2.1　Linux 分区与目录结构

习惯于使用 DOS 或 Windows 的用户知道，有几个分区就有几个驱动器，并且每个分区都会获得一个字母标识符，然后就可以选用这个字母来指定在这个分区上的文件和目录——它们的文件结构都是独立的。但对刚开始使用 Red Hat Linux 的用户来说，就有些不一样了。因为对 Red Hat Linux 用户来说，无论有几个分区，分给哪一目录使用，它归根结底就只有一个根目录，一个独立且唯一的文件结构。Red Hat Linux 中的每个分区都是用来组成整个文件系统的一部分，因为它采用了一种叫"载入"的处理方法，它的整个文件系统中包含了一整套的文件和目录，且将一个分区和一个目录联系起来。这时要载入的一个分区将使它的存储空间在一个目录下获得。

### 1. 设备管理

在 Linux 中，每一个硬件设备都映射到一个系统的文件，对于硬盘、光驱等 IDE 或 SCSI 设备也不例外。Linux 给各种 IDE 设备分配了一个由 hd 前缀组成的文件；而对于各种 SCSI 设备，则分配了一个由 sd 前缀组成的文件。

对于 IDE 硬盘，驱动器标识符为"hdx~"，其中"hd"表明分区所在设备的类型，这里是指 IDE 硬盘。"x"为盘号（a 为基本盘，b 为基本从属盘，c 为辅助主盘，d 为辅助从属盘）。"~"代表分区，前四个分区用数字 1 到 4 表示，它们是主分区或扩展分区，从 5 开始就是逻辑分区。例如，hda3 表示为第一个 IDE 硬盘上的第三个主分区或扩展分区，hdb2 表示为第二个 IDE 硬盘上的第二个主分区或扩展分区。SCSI 硬盘则标识为"sdx~"，SCSI 硬盘是用"sd"来表示分区所在设备的类型的，其余则和 IDE 硬盘的表示方法一样，此处不再赘述。

例如，第一个 IDE 设备，Linux 就定义为 hda；第二个 IDE 设备，Linux 就定义为 hdb；下面以此类推。而 SCSI 设备就应该是 sda、sdb、sdc 等。

### 2. 分区数量

要进行分区就必须针对每一个硬件设备进行操作，这就有可能是一块 IDE 硬盘或是一块 SCSI 硬盘。对每一个硬盘（IDE 或 SCSI）设备，Linux 分配了一个 1 ~16 的序列号码，用以代表这块硬盘上面的分区号码。

例如，第一个 IDE 硬盘的第一个分区，在 Linux 下面映射的就是"hda1"，第二个分区就称作"hda2"。对于 SCSI 硬盘，分区则是"sda1"、"sdb1"等。

### 3. 各分区的作用

Linux 中规定，每一个硬盘设备最多由 4 个主分区（其中包含扩展分区）构成，任何一个扩展分区都要占用一个主分区号码，也就是在一个硬盘中，主分区和扩展分区一共最多是 4 个。

主分区的作用就是计算机用来进行启动操作系统的，因此每一个操作系统的启动，或者称作"引导程序"，都应该存放在主分区上。

Linux 规定了主分区（或者扩展分区）占用 1~16 号码中的前 4 个号码。以第一个 IDE 硬盘为例，主分区（或者扩展分区）占用了 hda1、hda2、hda3、hda4，而逻辑分区占用了 hda5~hda16 等 12 个号码。

因此，Linux 下面每一个硬盘最多有 16 个分区。对于逻辑分区，Linux 规定它们必须建立在扩展分区，而不是主分区上。

### 4. 分区指标

对于每一个 Linux 分区，分区容量的大小和分区的类型是最主要的指标。分区容量的大小很容易理解，分区的类型则规定了这个分区上文件系统的格式。

Linux 支持多种文件系统格式，其中包括 FAT 32、FAT 16、NTFS、HP-UX，以及各种 Linux 特有的 Linux Native 和 Linux Swap 分区类型。

在 Linux 系统中，用户可以通过分区类型号码来区别这些不同类型的分区。

### 5. 磁盘分区与挂载点

Linux 在分区建立后，无法直接使用，如果要使用此分区，则需先通过挂载（Mount）程序，来与某一目录产生关联。举例来说，如果将/dev/hda3 挂载到/usr 目录中，则表示/usr 目录中的所有文件及目录都会实际保存在/dev/hda3 分区上。另外，在已挂载目录中，其下的子目录也允许再次挂载至其他分区，/dev/hda3 已挂载到/usr 目录，但是/dev/hda5 分区也可以挂载到/usr/local 目录。因此，/usr/local/man 目录实际保存在/dev/hda5 中，而不是/dev/hda3 中。

## 1.2.2　安装与启动 Linux 操作系统

### 1. CentOS 简介

CentOS（Community Enterprise Operating System，社区企业操作系统）是 Linux 发行版之一。

它是由 Red Hat Enterprise Linux 依照开放源代码规定释出的源代码所编译而成。由于出自同样的源代码，因此有些要求高度稳定性的服务器以 CentOS 替代商业版的 Red Hat Enterprise Linux 使用。两者的不同点在于 CentOS 并不包含封闭源代码软件。

CentOS 是一个开源软件贡献者和用户的社区。它对 RHEL 源代码进行重新编译，成为众多发布新发行版本社区当中的一个，并且在不断的发展过程中，CentOS 社区不断与其他的同类社区合并，使 CentOS Linux 逐渐成为使用最广泛的 RHEL 兼容版本。CentOS Linux 的稳定性不比 RHEL 差，唯一不足的就是缺乏技术支持，因为它是由社区发布的免费版。

CentOS 特点如下：

（1）可以把 CentOS 理解为 Red Hat AS 系列。它完全就是对 Red Hat AS 进行改进后发布的。各种操作、使用和 Red Hat 并无区别。

（2）CentOS 完全免费，不存在 Red Hat AS 4 需要序列号的问题。

（3）CentOS 独有的 yum 命令支持在线升级，可以即时更新系统，不像 Red Hat 那样需要花钱购买支持服务。

（4）CentOS 修正了许多 Red Hat AS 的 bug。

（5）CentOS 版本说明：CentOS 3.1 等同于 Red Hat AS 3 Update1，CentOS 3.4 等同于 Red Hat AS 3 Update 4，CentOS 4.0 等同于 Red Hat AS 4。

官方主页 http://www.centos.org

官方 Wiki http://wiki.centos.org

官方中文文档 http://wiki.centos.org/zh/Documentation

安装说明 http://www.centos.org/docs

### 2. 获得 CentOS 发行版

（1）从镜像站点下载 ISO 的镜像文件。

官方网址 http://www.centos.org

官方下载 http://mirror.centos.org

官方下载地址：

http://isoredirect.centos.org/centos/6.0/isos

① 网络安装镜像（引导安装）。

http://mirrors.163.com/centos/6.0/isos/i386/CentOS-6.0-i386-netinstall.iso（32 位）

http://mirrors.163.com/centos/6.0/isos/x86_64/CentOS-6.0-x86_64-netinstall.iso（64 位）

② 离线用户可以下载（完整）。

http://mirrors.163.com/centos/6.0/isos/i386/CentOS-6.0-i386-bin-DVD.iso（32 位）

http://mirrors.163.com/centos/6.0/isos/x86_64/CentOS-6.0-x86_64-bin-DVD1.iso（64 位）

http://mirrors.163.com/centos/6.0/isos/x86_64/CentOS-6.0-x86_64-bin-DVD2.iso（64 位）

③ BT 下载。

http://mirrors.163.com/centos/6.0/isos/i386/CentOS-6.0-i386-bin-DVD.torrent（32 位）

http://mirrors.163.com/centos/6.0/isos/x86_64/CentOS-6.0-x86_64-bin-DVD.torrent（64 位）

（2）将 ISO 镜像文件制作成 CD/DVD。

① 在 Microsoft Windows 下。

用 Nero、ImgFree 等的光盘刻录软件将 ISO 镜像文件刻录成 CD/DVD。

② 在 Linux 发行版下。

```
#cdrecord centos-xxxxxxxx.iso
```

### 3. 硬盘分区方案

在计算机上安装 Linux 系统，对硬盘进行分区是一个非常重要的步骤，下面介绍几个分区方案。

（1）方案 1（桌面）。

/boot：用来存放与 Linux 系统启动有关的程序，比如启动引导装载程序等，建议大小为

100MB。

　　/ ：Linux 系统的根目录，所有目录都挂在这个目录下面，建议大小为 5GB 以上。

　　/home：存放普通用户的数据，是普通用户的宿主目录，建议大小为剩下的空间。

　　swap：实现虚拟内存，建议大小是物理内存的 1~2 倍。

　　（2）方案 2（服务器）。

　　/boot：用来存放与 Linux 系统启动有关的程序，比如启动引导装载程序等，建议大小为100MB。

　　/usr ：用来存放 Linux 系统中的应用程序，其相关数据较多，建议大于 3GB。

　　/var ：用来存放 Linux 系统中经常变化的数据以及日志文件，建议大于 1GB。

　　/home：用来存放普通用户的数据，是普通用户的宿主目录，建议大小为剩下的空间。

　　/：Linux 系统的根目录，所有的目录都挂在这个目录下面，建议大小为 5GB 以上。

　　/tmp：将临时盘在独立的分区，可避免在文件系统被塞满时影响到系统的稳定性，建议大小为 500MB 以上。

　　swap：实现虚拟内存，建议大小是物理内存的 1~2 倍。

### 4．光盘安装 CentOS 6

　　（1）安装引导。首先要设置计算机的 BIOS 启动顺序为光驱启动，保存设置后将安装光盘放入光驱，并重启计算机。

　　计算机启动以后会出现 Linux 安装界面，如图 1-2 所示。

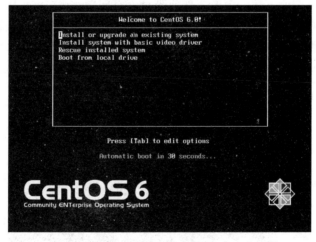

图 1-2　Linux 安装界面

用户可以直接按<Enter>键来进入图形界面的安装或者等待 60 s。

如图 1-2 所示的引导菜单中的选项：

　　① Install or upgrade an existing system（安装或升级现有系统）。这个选项是默认的。 若选择此选项，将以图形界面的形式把 CentOS 安装到计算机中。

　　② Install system with basic video driver（安装过程中采用基本的显卡驱动）。选择此选项只会加载基本的显卡驱动程序，如果屏幕上出现扭曲或一片空白，就需要升级现有系统。

③ Rescue installed system。选择此选项是用来修复 CentOS 系统，虽然 CentOS 是一个非常稳定的操作系统平台，但是偶尔也可能发生问题。修复模式包含许多实用的程序，可以解决不少问题。

④ Boot from local drive。选择此选项系统将从本地硬盘启动。如果意外地选择了光盘启动，可以选择该选项退出安装界面。

（2）检测硬件信息。如图 1-3 所示，如果是一张完整的安装光盘，可以直接单击"Skip"按钮跳过；否则，单击"OK"按钮检测安装光盘的完整性。

图 1-3　检测硬件信息

**注意：** 如果可以确定所下载的镜像文件或光盘没有问题，那么这里可以单击"Skip"按钮。不过，也可以单击"OK"按钮来进行分析，因为通过检测后，后续的安装就不会出现奇怪的问题。不过，这一检测过程会比较耗时。

（3）安装欢迎界面。

当检测完成之后，进入安装界面，如图 1-4 所示。

图 1-4　安装欢迎界面

（4）选择安装过程中的语言。单击"Next"按钮，进入如图 1-5 所示的语言选择的界面，选择安装过程中使用的语言，此处选择"Chinese（Simplified）"［中文（简体）］。

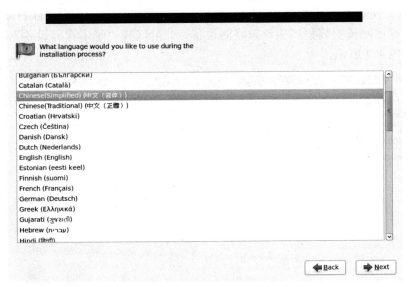

图 1-5　语言选择的界面

（5）选择键盘类型。选择完安装过程中的语言后，单击"Next"按钮，进入如图 1-6 所示的界面，选择键盘类型，一般默认选择"美国英语式"，即美式键盘。此处使用默认的选择。

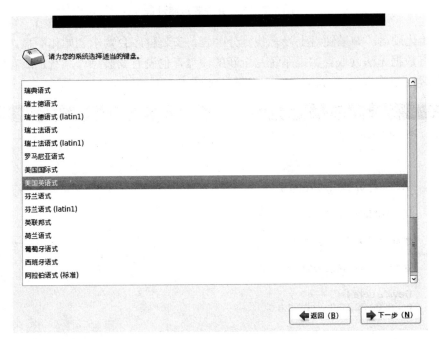

图 1-6　语言选择

（6）选择并安装存储设备。接下来选择一种存储设备进行系统安装。"基本存储设备"

作为安装空间的默认选择，适合那些不知道应该选择哪个存储设备的用户。而"指定的存储设备"需要用户将系统安装到特定的存储设备上，可以是本地某个设备，也可以是存储局域网(Storage Area Network，SAN)。用户一旦选择了这个选项，就可以添加 FCoE/iSCSI/zFCP 磁盘，并且能够过滤掉安装程序应该忽略的设备。此处选择"基本存储设备"，单击"下一步"按钮，如图 1-7 所示。

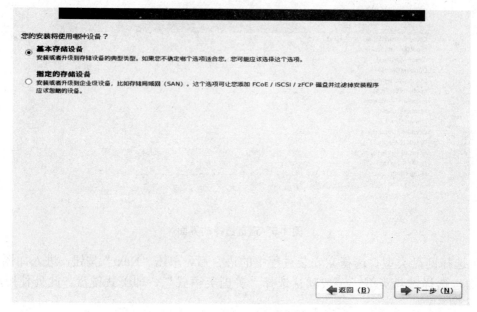

图 1-7　选择并安装存储设备

（7）初始化硬盘。如果硬盘上没有找到分区表，安装程序会要求初始化硬盘。此操作会使硬盘上的所有数据无法读取。如果系统是全新的硬盘，也没有安装操作系统，或者要删除硬盘上的所有分区，则单击 "重新初始化"按钮，如图 1-8 所示。

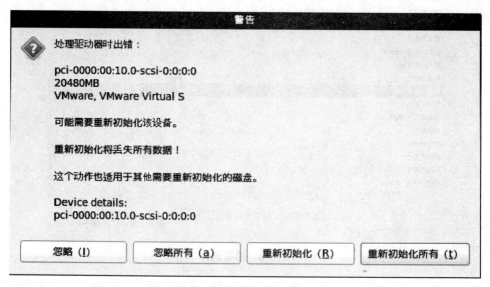

图 1-8　初始化硬盘

（8）设置主机名与网络。安装程序会提示用户主机名的格式，方便设置主机名和域名。许多网络有 DHCP（动态主机配置协议）服务，它会自动提供域名系统的一个连接，让用户输入一个主机名。除非有特定需要定制的主机名和域名，大多数用户都选择默认设置"localhost.localdomain"，如图 1-9 所示。

图 1-9　设置主机名与网络

（9）时区选择。因为全世界分为 24 个时区，所以要进行系统时区选择。如图 1-10 所示，用户可以选择"亚洲/上海"，或直接用鼠标在地图上选择。要特别注意"UTC"，它与所谓的"夏令时"有关。用户不需要选择这个，不然时区可能会被影响，导致系统显示的时间与本地时间不同。

图 1-10　时区选择

（10）设置管理员密码（root 密码）。下面设置最重要的"系统管理员的口令"。在 Linux 中，系统管理员的默认名称为 root，请注意，这个口令很重要。root 的密码要设置严格一点。至少 6 个字符以上，密码中含有"_"、"+"、"/"等特殊符号最好，并要记好，如图 1-11

所示。

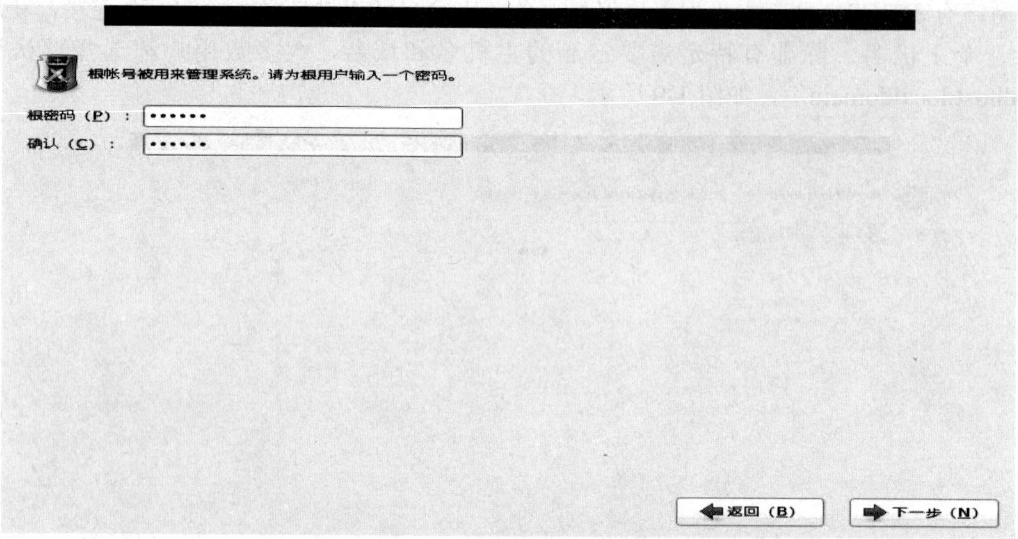

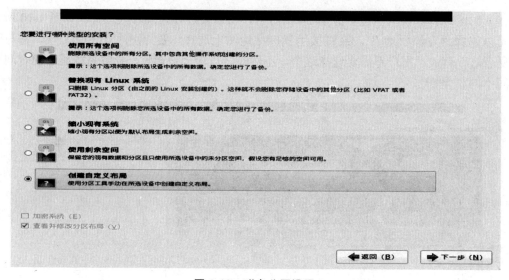

图 1-11 设置管理员密码

（11）磁盘分区配置。为方便进行磁盘分区，CentOS 为用户预设分区模式，如图 1-12 所示。

图 1-12 磁盘分区设置

① "使用所有空间"。选择此选项，可删除硬盘上的所有分区（包括如 Windows 的 NTFS 或 VFAT 分区以及其他操作系统创建的分区）。

② "替换现有 Linux 系统"。选择此选项，将删除以前 Linux 安装创建的分区。 不会删除其他存储分区（如 VFAT 或 FAT32 分区）。

③ "缩小现有系统"。选择此选项，可调整当前的数据和分区，安装在手动释放的磁盘空间里。

④ "使用剩余空间"。选择此选项，会保留用户当前的数据和分区，安装在未使用的存

储驱动器上的空间里，但要确保存储驱动器上有足够的可用空间。

⑤ "创建自定义布局"。选择此选项，对存储驱动器进行手动分区。

a．创建自定义布局（Create Custom Layout）。选择"创建自定义布局"，单击"下一步"按钮，如图 1-13 所示。

图 1-13 创建自定义布局

b．创建"/boot"分区。选择要分区的空闲空间，单击"创建"按钮后，就会出现如图 1-14 所示的界面。选择"标准分区"后，单击"生成"按钮。

图 1-14 生成分区

挂载点：选择"/boot"。

文件系统类型：使用默认"ext4 日志文件系统"。

大小：输入分配的大小，以 MB 为单位。

其他大小选项：选择"固定大小"。

单击"确定"按钮，如图 1-15 所示。

图 1-15　创建"/boot"分区

c．创建"/"分区。继续选择空闲空间，单击"创建"按钮后，就会出现如图 1-16 所示的界面。选择"标准分区"后，单击"生成"按钮。

挂载点：选择"/"。

文件系统类型：使用默认"ext4 日志文件系统"。

大小：输入分配的大小，以 MB 为单位。

其他大小选项：选择"固定大小"。

单击"确定"按钮。

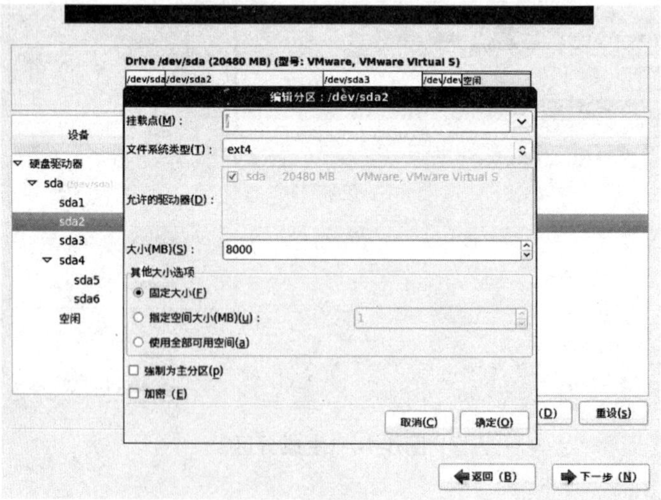

图 1-16　创建"/"分区

d. 创建"/var"分区。继续选择空闲空间，单击"创建"按钮后，就会出现如图 1-17 所示的界面。选择"标准分区"后，单击"生成"按钮。

挂载点：选择"/var"。

文件系统类型：使用默认"ext4 日志文件系统"。

大小：输入分配的大小，以 MB 为单位。

其他大小选项：选择"固定大小"。

单击"确定"按钮。

图 1-17 创建"/var"分区

e. 创建"/home"分区。继续选择空闲空间，单击"创建"按钮后，就会出现如图 1-18 所示的界面。选择"标准分区"后，单击"生成"按钮。

挂载点：选择"/home"

文件系统类型：使用默认"ext4 日志文件系统"。

大小：输入分配的大小，以 MB 为单位。

其他大小选项：选择"固定大小"。

单击"确定"按钮。

图 1-18 创建"/home"分区

　　**f.** 创建交换空间。继续选择空闲空间，单击"创建"按钮后，就会出现如图 1-19 所示的界面。选择"标准分区"后，单击"生成"按钮。

　　文件系统类型：选择"swap"。

　　其他大小选项：选择"固定大小"（一般为物理内存空间的 2 倍）。

　　单击"确定"按钮。

图 1-19　创建"swap"分区

　　至此，分区已全部创建完毕，如图 1-20 所示。如果不满意，还可以单击"重设"按钮进行更改。如果确定这样的分区，就单击"下一步"按钮，在弹出的"格式化警告"框中，单击"格式化"按钮，如图 1-21 所示。

图 1-20　分区完成

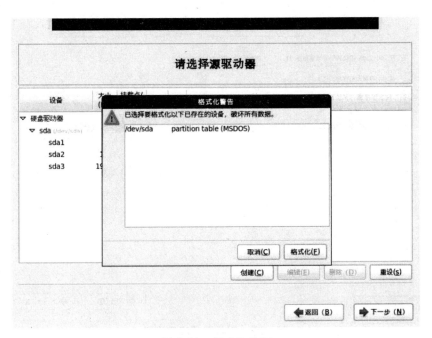

图 1-21　格式化分区

安装程序会提示用户确认所选的分区选项。单击"将修改写入磁盘"按钮，以允许安装程序在硬盘进行分区，并安装系统，如图 1-22 所示。

图 1-22　将存储配置写入磁盘

（12）引导装载程序设置。图 1-23 所示为 GRUB 引导安装窗口，可采用默认设置，直接单击"下一步"按钮。

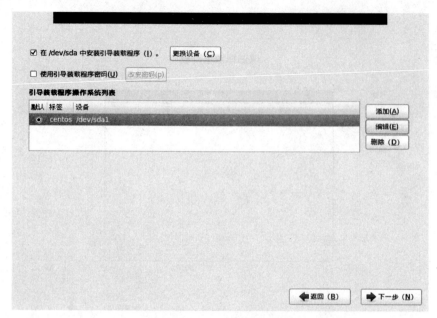

图 1-23  引导装载程序设置

（13）选择安装的软件包。可选的服务器类型更多，而且默认安装是一个非常小的甚至不完整的系统。选择"以后自定义"，然后单击"下一步"按钮，如图 1-24 所示。

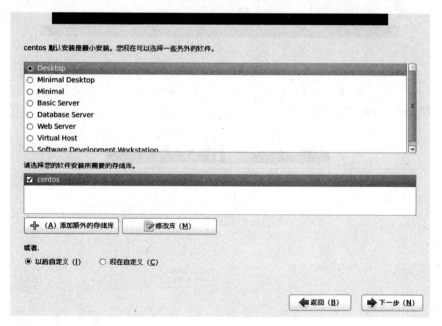

图 1-24  选择安装的软件包

可选类型的说明如下：

① Desktop。基本的桌面系统，包含常用的桌面软件，如文档查看等工具。

② Minimal Desktop。基本的桌面系统，包含的软件很少。

③ Minimal。基本的系统，不含有任何可选的软件包。

④ Basic Server。安装基本系统的平台支持，不包含桌面环境。

⑤ Database Server。基本系统平台，加上 MySQL 和 PostgreSQL 数据库，没有桌面环境。

⑥ Web Server。基本系统平台，加上 PHP、Web server，还有 MySQL 和 PostgreSQL 数据库的客户端，没有桌面环境。

⑦ Virtual Host。基本系统加虚拟平台。

⑧ Software Development Workstation。所包含的软件包较多，如基本系统、虚拟化平台、桌面环境及开发工具。

（14）开始安装 Linux 系统。开始安装，在安装的界面中，会显示剩余时间、每个软件包的名称以及该软件包的简单说明，如图 1-25 所示。

图 1-25　开始安装 Linux 系统

出现如图 1-26 所示的界面，即表示安装完成，将光盘拿出来，并单击"重新引导"按钮启动系统。

图 1-26　重新引导

### 5. 安装后的初始化设置（系统第一次启动）

（1）欢迎界面。Linux 系统安装完毕以后，单击"重新引导"按钮，系统会进入欢迎界面，如图 1-27 所示。

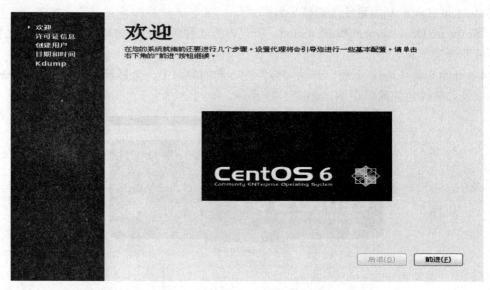

图 1-27　欢迎界面

（2）许可证信息。单击"前进"按钮，进入如图 1-28 所示的界面。此处显示许可证信息，选择"是的，我同意许可证协议"。

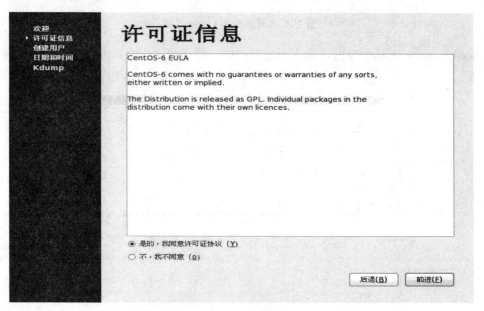

图 1-28　许可证信息

（3）创建用户。单击"前进"按钮，进入如图 1-29 所示的界面，在这里用户可以通过输入用户名、全名和密码创建一个普通用户的账号。假如不需要创建新的用户，直接单击"前进"按钮。

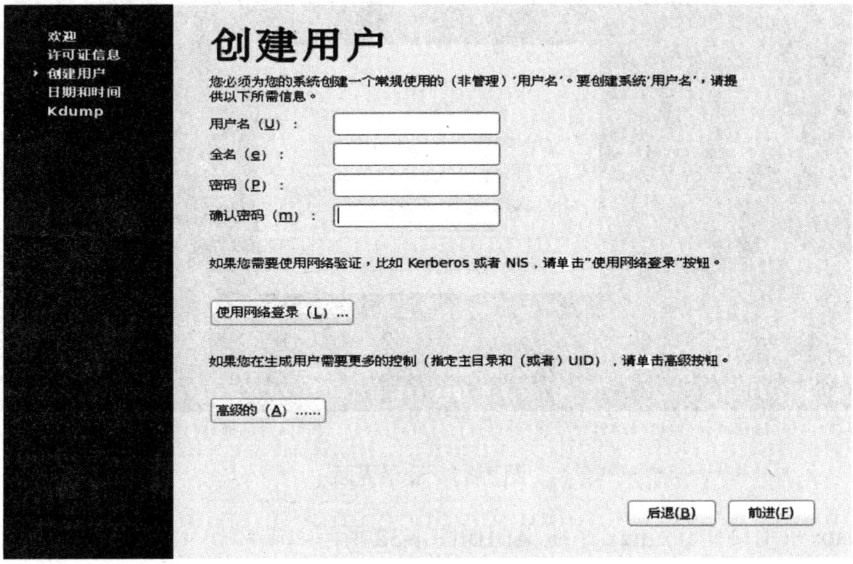

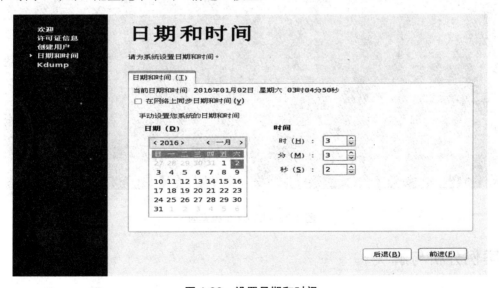

图 1-29 创建用户

（4）设置日期和时间。在如图 1-30 所示的界面上，用户可以手工配置计算机系统的日期和时间，也可以通过连接在互联网上的网络时间服务器（NTP 服务器）为本机传输日期和时间信息，并且可以和 NTP 服务器的时间同步。要启用时间同步的功能，需选中"在网络上同步日期和时间"即可，配置完毕单击"前进"按钮。

图 1-30 设置日期和时间

（5）登录界面。最后出现登录界面，输入用户名，如图 1-31 所示，安装后的初始化过程到此结束。

图 1-31 登录界面

（6）Linux 系统桌面。Linux 系统桌面如图 1-32 所示。

图 1-32 Linux 系统桌面

📖 案例分析与解决

# 1.3 案例一 规划安装 Linux 操作系统

小杨进入企业担任网络系统管理员，该企业的服务器需要安装 Linux 操作系统，然后再对系统进行维护和升级。

## 1.3.1 安装图形界面 CentOS 系统

（1）设置电脑的第一启动驱动器为光盘驱动器，插入 Linux 系统光盘启动计算机。

（2）系统会自动进入 Linux 安装初始画面，首先要选择安装的方式，如果要选择文本界面安装，需要在引导命令处输入命令 "linuxtext"，如果要选择图形界面安装直接按<Enter>键。笔者使用的是图形界面安装。

（3）选择完安装方式后便出现了光盘检测界面，出现这个对话框的意思就是在安装之前确定系统盘是否有损坏，如果确定没有损坏，单击 "Skip" 按钮直接跳过检测进入下一个环节。如果单击 "OK" 按钮，则自动转到光盘检测程序自动检测光盘。对于初次接触 Linux 的用户，还是建议在安装之前先检测下系统安装光盘，省去在安装过程中所带来的不便。

（4）检测完光盘后会出现 Linux 的软件介绍说明以及选择系统语言的对话框，选择 "简体中文"，当然如果用户精通别的语言也是可以选择其他语言进行安装和使用的。

（5）键盘以及鼠标设置。在选项中提供了多种型号、品牌、接口和语言的键盘和鼠标，根据用户现在所用的键盘和鼠标进行对应选择。选择完毕后单击 "下一步" 按钮。

（6）安装类型。其中包括 "个人桌面"、"工作站"、"服务器" 和 "定制" 四种类型。四种类型名称不同，内容大同小异。

（7）磁盘分区设置。其中包括两个选项，"自动" 和 "手动"。自动分区会将所有的硬盘按照容量大小平均分区格式化，适合没有装任何资料的新计算机，但如果在这之前装有其他系统，或是其他分区中存在的数据，建议选择 "手动分区"，这样不会丢失原来的文件数据。

（8）新建分区。在图形界面下比较直观，一般都会显示出硬盘的容量、厂商等相关信息。直接单击 "新建" 按钮来创建新的分区。

（9）创建完新的分区之后，需要添加一个 "/boot" 分区（类似 Windows 的引导分区），类型为 "ext3"，单击 "确定" 按钮。

（10）再单击 "新建" 按钮，创建一个 swap 文件系统（内存交换区）。在 "文件系统类型" 中选择 "swap" 大小设置时，如果内存容量是 512MB，那么就要设置成 512 MB×2=1024 MB——大小要设成内存大小的双倍，这一点要注意！

（11）建立一个 Linux 下的根分区，挂载点处为 "/"，分区的大小根据硬盘实际大小按照自己意愿填写。

（12）刚才上述的分区及设置是成功安装 Linux 必需的，将剩余硬盘分区的时候要注意分区路径。

（13）设置完分区后进入下一步网络配置，单击 "编辑" 按钮进入设置栏。与我们熟知的 Windows 类似，如果多台电脑在同一局域网中，任意两台电脑的 IP 地址不能设置成相同的。子网掩码也是 255.255.255.0。

当然也可以在系统安装完毕后在图形界面下进入 "系统工具，互联网配置向导" 进行创建和配置。

（14）防火墙配置。这里选择默认的就好，当然也可以选择 "无防火墙"。如果设置成 "高级" 会限制大部分数据包，网页也经常会有打不开的现象。

（15）配置完防火墙后会有系统语言以及当前时间的选择和配置，过程十分简单，这里就不过多地介绍了。

（16）设置根命令。管理员拥有管理系统的最高权限，根命令其实就是管理员的管理密码。一旦设置，一定要将根命令记牢，否则就连最基本的系统界面都无法登录。

（17）选择软件包组。Linux 为用户提供了多个现成的软件包，包括窗口系统、桌面环境、文本编辑器、科学计算器、图形化文件管理器等多种应用程序。用户需要什么软件包只要在其前面勾取即可。方便实用，功能强大。

在随后的操作中直接单击"下一步"按钮即可，直至将三张光盘安装完毕。

单击"退出"按钮后系统自动重启，随后便进入 Linux 的登录界面。按〈回车〉键选择进入系统。

## 1.3.2 熟悉图形界面操作

习惯使用 Windows 的用户都知道，Windows 的桌面与 Windows 是一个整体，而且桌面是唯一的。但 Linux 则不同，Linux 是一种命令行的操作系统，而不是一个图形环境的操作系统，图形环境只是安装在 Linux 操作系统里的一个普通应用程序，和其他安装在 Linux 系统里的程序一样。所以 Linux 的桌面可有可无，既可以使用，也可以卸载。在 Linux 系统中并不像 Windows 那样只有一种图形界面，这与聊天软件不仅有腾讯的 QQ，还可有中国移动飞信一样，Linux 可用的桌面很多，例如 GNOME、KDE、Fluxbox、Xfce、FVWM、Icewm 等。

在众多桌面系统中，GNOME 和 KDE 是绝大多数 Linux 发行版自带的桌面系统，也是使用最为广泛的两种桌面系统。下面介绍一下 Linux 的桌面环境。

1）GNOME 桌面

启动安装了 Linux 的计算机，输入登录用户名及登录密码后，进入了 Linux 的桌面，这个桌面的实质就是 GNOME，如图 1-33 所示。

图 1-33　GNOME 桌面

桌面在所有其他组件之下，是其他组件的承载体，可以在桌面放置启动器对象，以便快速访问文件和文件夹，或者打开经常使用的应用程序。

2）文件夹管理

在桌面上双击"计算机"图标，进入文件夹，将得到当前计算机中所有的存储设备及分区。双击相应的图标可以进入目录。如图 1-34 所示，无论是文件还是文件夹，单击鼠标左键选中文件或文件夹，再单击鼠标右键，弹出菜单，可以执行其他相应操作。其操作与 Windows 基本相同，在此不再赘述。

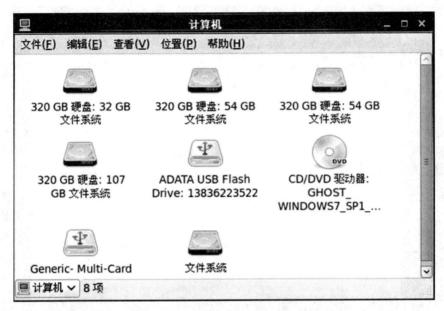

图 1-34　双击"计算机"图标后得到的文件

3）主菜单

Linux 的 GNOME 菜单共有 3 个主菜单：应用程序、位置、系统。

4）办公

（1）Writer 与 Windows 下的 Office 中的 Word 相对应，是文字处理组件，它包括了一个现代化全功能文字处理软件的所有特性。

（2）Calc 与 Windows 下的 Office 中的 Excel 相对应，是办公套件的电子表格制作组件，它提供了大量先进功能来帮助用户完成复杂的制表任务。

（3）Impress 与 Windows 下的 Office 中的 PowerPoint 相对应，是 OpenOffice.org 办公套件中的全功能演示文稿制作工具。

（4）Draw 是 OpenOffice.org 办公套件中的图形工具包，Draw 提供快照、图表和图形的处理工具。能够进行图像样式处理，将平面对象转换为立体对象，可把多个对象组合、分拆、重组或编辑已组合的群组，还可以设计自己喜爱的纹理、光度、透明度、比例等，创建逼真的照片图像。

5）系统工具

磁盘使用分析器。磁盘使用分析器是一个图形化界面、菜单模式的应用程序，用来分析 GNOME 环境下磁盘的使用情况。磁盘使用情况分析器可以很方便地扫描整个文件系统，或者是用户指定的文件夹(本地或远程)。它还可以实时侦测主目录的变化，甚至是挂载或卸载设备。

GNOME 环境下进入 UNIX shell。shell 是一个命令解释程序，相当于 DOS 中的 command.com。当启动 GNOME 终端时，本程序将启动系统默认的 shell 账户。您可以随时切换到另一个 shell，如图 1-35 所示。

图 1-35　终端界面

📖 扩展任务

在小杨的单位，使用网络办公是必不可少的，接下来就需要让装有 Linux 操作系统的计算机能够上网。用户对 Windows 操作系统联网配置一般比较熟悉，而对 Linux 操作系统中的配置还不太了解，这就需要用户在 Linux 图形界面下完成 IP 地址、子网掩码、网关以及 DNS 的设置，让所有电脑都能够连接到网络中。

● 小　结

本章首先介绍了 Linux 操作系统的起源、发展，然后重点介绍了 Linux 操作系统的安装与系统分区。通过本章学习之后，一个 Linux 初学者也能够顺利地在个人计算机或者是服务器上安装 Linux 操作系统。

## ● 习　题

1．用 vMware 创建一个虚拟机，要求如下

（1）用你的名字的拼音来设置虚拟机的名称；保存在计算机的任意一个分区的 CentOS 文件夹中，如 E:/CentOS/yangjing。

（2）虚拟机的内存设置为 512MB，硬盘设置为 10GB。

2．放入光盘镜像文件，启动虚拟机，开始安装 CentOS 系统

（1）为 CentOS 划分分区如下：swap 分区固定大小为 1024MB，home 分区固定大小为 500MB，boot 分区为 100MB，剩余空间划分给根分区。

（2）手动设置虚拟机的 IP 地址为 172.15.20.x/16，x 为你的学号（两位），设置虚拟机的主机名为你的名字的拼音，如 yang.com

（3）为 root 用户设置密码为 zdsoft。

请截取服务器软件包的选择界面。

3．首次登录 Linux 设置

（1）首次进入 CentOS 设置防火墙，允许 FTP、NFS、SSH、SAMBA、WWW 等服务，并关闭 selinux。

（2）创建一个用户，用户名为你名字的拼音简写（如 zy），密码为 123456。

（3）使用自己的用户名登录，在桌面上打开终端。

# 第 2 章

# 管理文件和目录

📖 **相关知识**

与 Windows 操作系统相比，Linux 才是一个真正意义上的多用户操作系统，它可以允许多个用户同时登录到不同的终端，结合文件和目录的权限设置，就可以为不同的用户和组分配不同的权限，从而满足企业对各职能部门员工权限的要求或提升 Linux 系统安全。

📖 **学习目标**

☐ 掌握文件和文件的相关操作
☐ 掌握目录和目录的相关操作
☐ 掌握文件与目录的权限与相关操作
☐ 掌握 vi 编辑器的相关操作

📖 **相关知识**

## 2.1 Linux 命令概述

在 Linux 操作系统中，有两种操作界面，分别是图形界面和字符界面。目前，在计算机操作系统中图形界面成了主流。然而，作为字符界面的命令行由于占用系统资源少、性能稳定并且非常安全等特点，仍发挥着重要作用，Linux 命令行在服务器管理中一直有着广泛应用。利用命令行可以对系统进行各种操作，这些操作虽然没有图形化界面那样直观明了，但是快捷而顺畅。

### 2.1.1 Linux 命令分类与格式

#### 1. 系统设置命令

在系统设置命令中主要是对 Linux 操作系统进行各种配置，如安装内核载入、启动管理程序，以及设置密码和各种系统参数等，它主要是对系统的运行做初步的设置。部分系统设置的重要命令如下，命令的使用方法将在后续章节中详细介绍：

命令名称　　　　功能说明

- apmd　　　　　　高级电源管理程序
- aumix　　　　　　音效设备设置
- bind　　　　　　　显示或设置键盘与其相关的功能
- chkconfig　　　　检查及设置系统的各种服务
- chroot　　　　　　改变根目录
- dmesg　　　　　　显示开机信息
- enable　　　　　　启动或关闭 shell 内建命令
- ntsysv　　　　　　设置系统的各种服务
- passwd　　　　　　设置密码

## 2. 系统管理命令

系统管理命令是对 Linux 操作系统进行综合管理和维护的命令，对系统的顺利运行及其功能的发挥有着重要的作用。在 Linux 环境下的系统管理就是对操作系统的有关资源进行有效的计划、组织和控制。用户合理地对 Linux 操作系统进行管理可以加深对系统的了解和提高其运作的效率及安全性能。部分系统管理的重要命令如下：

命令名称　　　　　功能说明
- adduser　　　　　建立用户账号
- chsh　　　　　　　更换登录系统时使用的 shell
- exit　　　　　　　退出 shell
- free　　　　　　　查看内存状态
- halt　　　　　　　关闭系统
- id　　　　　　　　显示用户 id
- kill　　　　　　　中止执行的程序
- login　　　　　　　登录系统
- logout　　　　　　退出系统
- swatch　　　　　　系统监控程序

## 3. 文件管理命令

文件管理命令主要针对在文件系统下存储在计算机系统中的文件和目录。在系统中的文件可以有不同的格式，这些格式决定信息如何被存储为文件和目录。在 Linux 系统环境下，每一个分区都是一个文件系统，都有自己的目录和层次结构。文件管理命令正是在文件系统中对文件进行各种操作与管理。部分文件管理的重要命令如下：

命令名称　　　　　功能说明
- chattr　　　　　　改变文件的属性
- compress　　　　压缩或解压文件
- cp　　　　　　　　复制文件或目录
- cpio　　　　　　　备份文件
- find　　　　　　　查找文件
- ftp　　　　　　　　传输文件

- lsattr              显示文件的属性
- mktemp            建立临时文件
- paste                合并文件的行
- patch                修补文件
- updatedb          更新文件数据库

### 4. 磁盘管理命令

在 Linux 操作系统中，为了合理划分和利用磁盘的空间，需要对磁盘各个分区的使用情况做整体性的了解。磁盘管理命令主要是对磁盘的分区空间及其格式化分区进行综合管理，在 Linux 环境下有一套较为完善的磁盘管理命令。部分磁盘管理的重要命令如下：

命令名称         功能说明
- badblocks        检查磁盘中损坏的区域
- cfdisk             磁盘分区
- hdparm           显示与设置磁盘的参数
- losetup           设置循环设备
- mkbootdisk      建立当前系统的启动盘
- mkswap          建立交换区
- sfdisk             磁盘分区工具程序
- swapoff          关闭系统的交换区
- sync               将内存缓冲区的数据写入磁盘

### 5. 网络配置与管理命令

任何一种操作系统都离不开对网络的支持，Linux 系统提供了完善的网络配置和各种操作功能。在 Linux 环境下对网络的配置主要包括互联网的设置、收发电子邮件和设置局域网。部分网络配置与管理的重要命令如下：

命令名称         功能说明
- cu                  连接系统主机
- dip                 IP 拨号连接
- efax                收发传真
- host                DNS 查询工具
- ifconfig          显示或设置网络设备
- lynx                浏览互联网
- mesg               设置终端写入权限
- netconfig         设置网络环境
- netstat           显示网络状态
- route              管理与显示路由表
- telnet             远程登录
- wget               从互联网下载文件

### 6.　文本编辑命令

查看和浏览文档是操作系统必备的功能，在 Linux 操作系统中附带了现成的文本编辑器，用户可以利用这些编辑器对文档进行修改、存储及其他管理。在目前的 Linux 环境下，vi 是比较流行的编辑器之一。部分文本编辑的重要命令如下：

| 命令名称 | 功能说明 |
|---|---|
| ● csplit | 分割文件 |
| ● dd | 读取、转换并输出数据 |
| ● ex | 启动 VIM 编辑器 |
| ● jed | 编辑文本文件 |
| ● look | 查找单词 |
| ● sort | 将文本文件内容进行排序 |
| ● tr | 转换字符 |
| ● wc | 计算数字 |

在 Linux 中，命令行有大小写的区分，且所有的 Linux 命令行和选项都区分大小写，如-V 和-v 是两个不同的命令，这与 Windows 操作系统有所区别。在 Windows 操作系统环境下，所有的命令都没有大小写的区别。初学者应遵循所有控制台命令的输入均为小写这一原则。例如查看当前日期，在命令行下输入：

date ✓

即可看到当前的日期及时间，如图 2-1 所示。

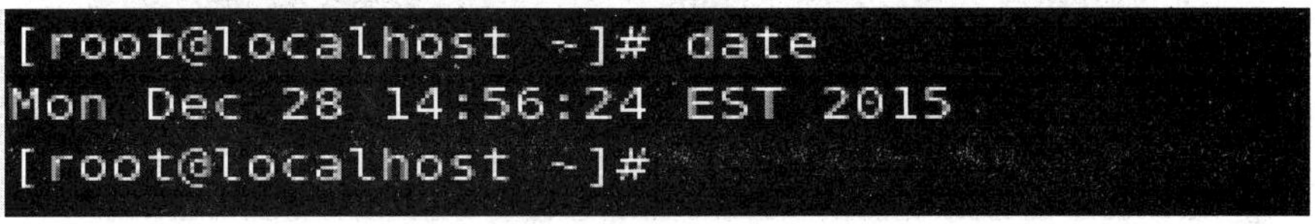

```
[root@localhost ~]# date
Mon Dec 28 14:56:24 EST 2015
[root@localhost ~]#
```

图 2-1　Linux 命令行简介

若在命令行下输入：

Date ✓

系统将给出命令错误的信息："命令未找到"，如图 2-2 所示。

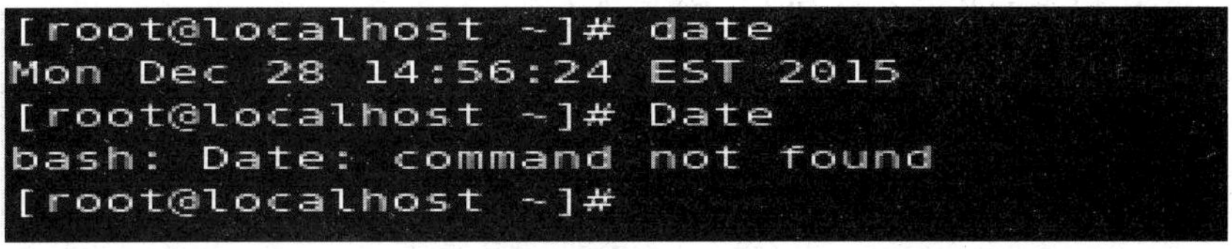

```
[root@localhost ~]# date
Mon Dec 28 14:56:24 EST 2015
[root@localhost ~]# Date
bash: Date: command not found
[root@localhost ~]#
```

图 2-2　Linux 命令行区分大小写

## 2.1.2　Linux 命令帮助

Linux 的发行版通常都有丰富的联机帮助文档，man 和 info 命令是查看程序文档的两个基本方法。从 Linux 的早期版本开始，用户就可以通过这两个命令获得 man 页（用户手册）和 info 页的内容。下面将介绍如何获取 Linux 命令行的各种帮助信息。

### 1. 使用 help 命令获得 bash 的内部命令帮助

例如，想要获取命令 cd 的帮助信息，可以在命令提示符后面输入：

```
help cd ↙
```

这样就可以看到 cd 命令的帮助文档了，如图 2-3 所示。

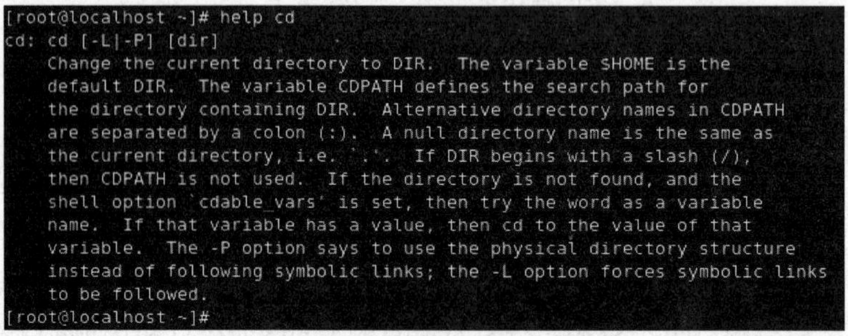

图 2-3　help 帮助命令信息

help 命令也提供其自身的帮助，例如在命令提示符后面输入两个 help，即

```
help help ↙
```

然后就可以看到 help 命令自身的帮助信息了，如图 2-4 所示。

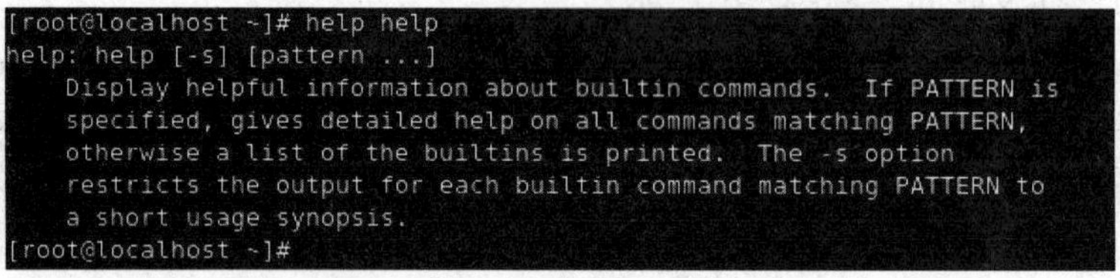

图 2-4　help 命令自身的帮助信息

### 2. 使用 man 命令显示系统手册的帮助

man 命令用于显示系统文档中 man 页（man 为 manual 的简写）的内容，单独使用 man 命令不能获得 man 所提供的帮助命令列表，如图 2-5 所示。

图 2-5　无参数的 man 命令

若要了解某个工具较为详细的信息，可以在 man 命令后添加工具名来实现，与 help 命令一样，man 命令也可以查看命令信息，用法与 help 命令类似。例如，要查看命令 clear 的详细信息，可以在命令提示符下输入：

```
man clear ↙
```

结果如图 2-6 所示。

```
clear(1)                                                              clear(1)

NAME
       clear - clear the terminal screen

SYNOPSIS
       clear

DESCRIPTION
       clear clears your screen if this is possible.  It looks in the environ-
       ment for the terminal type and then in the terminfo database to  figure
       out how to clear the screen.

       clear ignores any command-line parameters that may be present.

SEE ALSO
       tput(1), terminfo(5)

       This describes ncurses version 5.5 (patch 20060715).

(END)                                                                clear(1)
```

图 2-6　man 命令的用法

man 命令给出的信息往往非常详细，所占页面较多，通常需要分页显示。与 help 命令不同的是，man 会自动分页，用户可以分页浏览一个文件，按〈空格〉键或〈PageDown〉键向后翻页，按〈PageUp〉键向前翻页，按〈Q〉键退出 man 命令并返回到命令行提示符下。

### 3.　使用 info 命令显示工具信息

info 是另一种形式的在线文档，可以显示 GNU 工具更完整、更新的信息。若 man 中包含的某个概要信息在 info 中也有，那么 man 页中会有请用户参考 info 页更详细内容的提示。info 工具是 GNU 项目开发的基于菜单的超文本系统，并由 Linux 发布。

直接使用 info 命令可以获得系统中 info 文档的分类列表，在命令行中输入：

info ✓

可以看到以超文本的形式列出了 info 文档的分类列表，如图 2-7 所示。

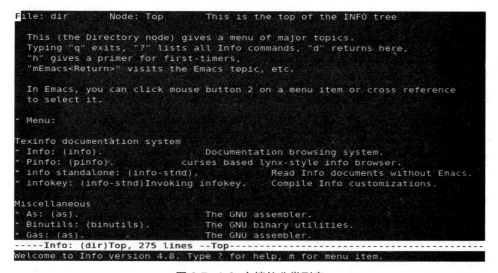

```
File: dir          Node: Top         This is the top of the INFO tree

  This (the Directory node) gives a menu of major topics.
  Typing "q" exits, "?" lists all Info commands, "d" returns here,
  "h" gives a primer for first-timers,
  "mEmacs<Return>" visits the Emacs topic, etc.

  In Emacs, you can click mouse button 2 on a menu item or cross reference
  to select it.

* Menu:

Texinfo documentation system
* Info: (info).                    Documentation browsing system.
* Pinfo: (pinfo).                  curses based lynx-style info browser.
* info standalone: (info-stnd).          Read Info documents without Emacs.
* infokey: (info-stnd)Invoking infokey.   Compile Info customizations.

Miscellaneous
* As: (as).                        The GNU assembler.
* Binutils: (binutils).            The GNU binary utilities.
* Gas: (as).                       The GNU assembler.
-----Info: (dir)Top, 275 lines --Top-----------------------------------------
Welcome to Info version 4.8. Type ? for help, m for menu item.
```

图 2-7　info 文档的分类列表

在上面的示例中可以按以下键进行操作，见表 2-1。

表 2-1　操作键

| 键 | 说　明 |
| --- | --- |
| H | 打开 info 的交互式文档 |
| ? | 列出 info 命令 |
| Space | 在菜单项之间进行滚动选择 |
| M | 接着输入要显示的菜单项名，可查看菜单内容 |
| Q | 退出 |

# 2.2　Linux 文件与目录

## 2.2.1　Linux 的文件类型

Linux 文件类型和 Linux 文件的文件名所代表的意义是两个不同的概念。Linux 文件类型常见的有：普通文件、目录、字符设备文件、块设备文件、符号链接文件等，可以用 file 命令来识别。

### 1. 普通文件

普通文件如文本文件、c 语言源代码、shell 脚本等，可以用 cat、less、more、vi 等来察看内容，用 mv 来改名。

```
[root@localhost ~]# ls -lh install.log
-rw-r--r-- 1 root root 53K 03-16 08:54 install.log
```

用户用 ls -lh 来查看某个文件的属性，可以看到有类似 -rw-r—r-- 出现，值得注意的是第一个符号是 - ，这样的文件在 Linux 中就是普通文件。这些文件一般是用一些相关的应用程序创建的，如图像工具、文档工具、归档工具或 cp 工具等。这类文件的删除方式是用 rm 命令。

### 2. 目录

目录包括文件名、子目录名及其指针，可以用 ls 列出目录文件。

```
[root@localhost ~]# ls -lh
总计 14M
-rw-r--r-- 1 root root    2 03-27 02:00 fonts.scale
-rw-r--r-- 1 root root  53K 03-16 08:54 install.log
-rw-r-r--1 root root 14M 03-16 07:53 kernel-2.6.15-1.2025_FC5.i686.rpm
drwxr-xr-x 2 1000 users 4.0K 04-04 23:30 mkuml-2004.07.17
drwxr-xr-x 2 root root  4.0K 04-19 10:53 mydir
drwxr-xr-x 2 root root  4.0K 03-17 04:25 Public
```

当用户在某个目录下看到有类似 drwxr-xr-x 出现，这样的文件就是目录，目录在 Linux 中是一个比较特殊的文件，注意它的第一个字符是 d。创建目录的命令可以用 mkdir 命令或 cp 命令，cp 命令可以把一个目录复制为另一个目录。删除用 rm 或 rmdir 命令。

### 3. 字符设备或块设备文件

当用户进入/dev 目录，列出文件，会看到结果如下：
```
[root@localhost ~]# ls -la /dev/tty
crw-rw-rw- 1 root tty 5, 0 04-19 08:29 /dev/tty
[root@localhost ~]# ls -la /dev/hda1
brw-r----- 1 root disk 3, 1 2006-04-19 /dev/hda1
```
用户看到/dev/tty 的属性是 crw-rw-rw- ，注意前面的第一个字符是 c ，这表示是字符设备文件，如 Modem 等串口设备。

用户看到/dev/hda1 的属性是 brw-r----- ，注意前面的第一个字符是 b，这表示是块设备文件，如硬盘、光驱等设备。

这个种类的文件，用 mknode 来创建，用 rm 来删除。目前在最新的 Linux 发行版本中，用户一般不需要自己来创建设备文件，因为这些文件是和内核相关联的。

### 4. 套接口文件

当启动 MySQL 服务器时，会产生一个 mysql.sock 文件。
```
[root@localhost ~]# ls -lh /var/lib/mysql/mysql.sock
srwxrwxrwx 1 mysql mysql 0 04-19 11:12 /var/lib/mysql/mysql.sock
```
**注意**：这个文件的属性的第一个字符是 s，了解一下即可。

### 5. 符号链接文件

```
[root@localhost ~]# ls -lh setup.log
lrwxrwxrwx 1 root root 11 04-19 11:18 setup.log -> install.log
```
当用户查看文件属性时，会看到有类似 lrwxrwxrwx 出现，注意第一个字符是 l，这类文件是链接文件。执行 ln -s 源文件名新文件名。上面的例子，表示 setup.log 是 install.log 的软链接文件。怎么理解呢？这和 Windows 操作系统中的快捷方式有些相似。

符号链接文件的创建方法举例：
```
[root@localhost ~]# ls -lh kernel-2.6.15-1.2025_FC5.i686.rpm
-rw-r--r-1 root root 14M 03-16 07:53 kernel-2.6.15-1.2025_FC5.i686.rpm
[root@localhost~]#ln-skernel-2.6.15-1.2025_FC5.i686.rpm
kernel.rpm
[root@localhost ~]# ls -lh kernel*
-rw-r--r-1 root root 14M 03-16 07:53 kernel-2.6.15-1.2025_FC5.i686.rpm
lrwxrwxrwx 1 root root 33 04-1911:27kernel.rpm->
kernel-2.6.15-1.2025_FC5.i686.rpm
```

## 2.2.2 Linux 的目录结构

Linux 的目录结构如图 2-8 所示。

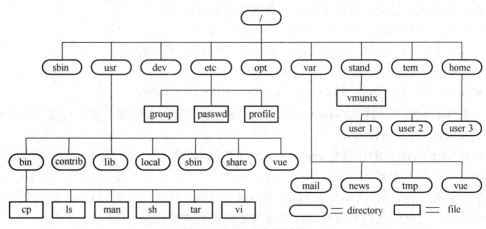

图 2-8  Linux  目录结构

当用户在使用 Linux 的时候，如果执行 ls -la / 就会发现，在"/"目录下还包含很多的目录，如 etc、usr、var、bin 等目录，进入这些目录后，发现这些目录下面还有很多的目录或文件。文件系统在 Linux 下看上去就像树形结构，所以可以把文件系统的结构形象地称为树形结构。

最顶端应该是"/"，称"/"为 Linux 的 root，也就是 Linux 操作系统的文件系统。Linux 的文件系统的入口就是"/"，所有的目录、文件、设备都在"/"之下，"/"就是 Linux 文件系统的组织者，也是最上级的领导者。

"/"是 Linux 文件系统的入口，也是处于最高一级的目录。

/sbin 系统执行文件（二进制），这些文件不打算被普通用户使用。（普通用户仍然可以使用它们，但要指定目录）

/usr 目录包含所有的命令、程序库、文档和其他文件。这些文件在正常操作中不会被改变。这个目录也包含用户的 Linux 发行版本主要的应用程序，譬如 Netscape。

/var 目录包含在正常操作中被改变的文件：假脱机文件、记录文件、加锁文件、临时文件和页格式化文件等。

/home 目录包含用户的文件：参数设置文件、个性化文件、文档、数据、E-mail、缓存数据等。这个目录在系统升级时应该保留。

/proc 目录整个包含虚幻的文件。它们实际上并不存在于磁盘上，也不占用任何空间。（用 ls –l 可以显示它们的大小）当查看这些文件时，实际上是在访问存在内存中的信息，这些信息用于访问系统。

/bin 目录是系统启动时需要的执行文件（二进制），这些文件可以被普通用户使用。

/etc 目录是操作系统的配置文件目录。

/root 目录是系统管理员（也叫超级用户或根用户）的 Home 目录。

/dev 目录是设备文件目录。Linux 下设备被当成文件，这样一来硬件被抽象化，便于读写、网络共享及需要临时装载到文件系统中。正常情况下，设备会有一个独立的子目录，这些设备的内容会出现在独立的子目录下。Linux 没有所谓的驱动符。

/lib 目录是根文件系统目录下程序和核心模块的共享库。

/boot 目录是用于自举加载程序（LILO 或 GRUB）的文件。当计算机启动时（如果有多个操作系统，有可能允许用户选择启动哪一个操作系统），这些文件首先被装载。这个目录也会包含 Linux 核（压缩文件 vmlinuz），但 Linux 核也可以存在别处，只要配置 LILO 并且 LILO 知道 Linux 核在哪儿。

/mnt 目录是系统管理员临时安装（mount）文件系统的安装点。程序并不自动支持安装到/mnt 下。/mnt 下面可以分为许多子目录，例如/mnt/dosa 可能是使用 MSDOS 文件系统的软驱，而/mnt/exta 可能是使用 ext2 文件系统的软驱，/mnt/cdrom 光驱，等等。

/opt 目录是可选的应用程序。譬如，REDHAT 5.2 下的 KDE （REDHAT 6.0 下，KDE 放在其他的 X-windows 应用程序中，主执行程序在/usr/bin 目录下）。

/tmp 目录是临时文件，该目录会被自动清理干净。

/lost+found 目录是在文件系统修复时恢复的文件。

/usr 目录下比较重要的部分有：

/usr/X11R6 X-windows 系统（version11, release6）。

/usr/X11 同/usr/X11R6（/usr/X11R6 的符号连接）。

/usr/X11R6/bin 是大量的小 X-Windows 应用程序（也可能是一些在其他子目录下大执行文件的符号连接）。

/usr/doc 是 Linux 的文档资料（在更新的系统中，这个目录移到/usr/share/doc）。

/usr/share 独立于用户计算机结构的数据。

/usr/bin 和/usr/sbin 类似于"/"根目录下对应的目录（/bin 和/sbin），但不用于基本的启动（譬如，在紧急维护中）。大多数命令在这个目录下。

/usr/local 是本地管理员安装的应用程序（也可能每个应用程序有单独的子目录）。在"main"安装后，这个目录可能是空的。这个目录下的内容在重安装或升级操作系统后应该存在。

/usr/local/bin 可能是用户安装的小的应用程序，和一些在/usr/local 目录下大应用程序的符号连接。

/proc 目录的内容：

/proc/cpuinfo 是关于处理器的信息，如类型、厂家、型号和性能等。

/proc/devices 是当前运行内核所配置的所有设备清单。

/proc/dma 是当前正在使用的 DMA 通道。/proc/filesystems 是当前运行内核所配置的文件系统。

/proc/interrupts 是正在使用的中断，和曾经有多少个中断。

/proc/ioports 是当前正在使用的 I/O 端口。

举例，使用下面的命令读出系统的 CPU 信息：

cat /proc/cpuinfo

总体来说：

用户应该将文件存在/home/user_login_name 目录下(及其子目录下)。

本地管理员大多数情况下将额外的软件安装在/usr/local 目录下并将符号连接在/usr/local/bin 下的主执行程序。

系统的所有设置都在/etc 目录下。

不要修改根目录("/")或/usr 目录下的任何内容,除非真的清楚要做什么。这些目录最好和 Linux 发布时保持一致。

大多数工具和应用程序安装在目录:/bin、/usr/sbin、/sbin、/usr/x11/bin、/usr/local/bin 下。所有的文件在单一的目录树下,没有所谓的"驱动符"。

# 2.3　vi 编辑文件

## 2.3.1　vi 编辑器概述

文本编辑器有很多,比如图形模式下的 gedit、kwrite、OpenOffice……和文本模式下的有 ed、ex、emacs、vi 和 vim(vi 的增强版本)。

编辑器可分为行编辑器(ed、ex)和全屏幕编辑器(vi、emacs)。行编辑器每次只能对一行进行编辑操作,使用起来很不方便。而全屏幕编辑器可以对整个屏幕的所有文本内容进行编辑操作,用户编辑的文件直接显示在屏幕上,修改的结果可以立即看出来,克服了行编辑器的那种不直观的操作方式,便于用户学习和使用,具有强大的功能。vi 和 vim 是在 Linux 中最常用的编辑器。nano 工具和 DOS 操作系统下的 edit 操作相似,使用简单,在此不做介绍,如果有兴趣,不妨了解尝试。

vi 是"visual interface"的简称,它可以执行输入/输出、删除、查找、替换、块操作等众多文本操作,而且用户可以根据自己的需要对其进行定制,这是其他编辑程序所没有的。

vi 不具备排版功能,它不像 Word 或 WPS 那样可以对字体、字号、格式、段落等其他属性进行编排,它只是一个文本编辑程序。

vi 是全屏幕文本编辑器,它没有菜单,只有命令。

vi 或 vim 是 Linux 最基本的文本编辑工具,vi 或 vim 虽然没有图形界面编辑器那样点击鼠标操作那么简单,但 vi 编辑器在系统管理、服务器管理中,永远不是图形界面编辑器所能比拟的。

当没有安装 X-Windows 桌面环境或桌面环境崩溃时,仍可以在字符模式下进行 vi 编辑的文本模式操作。

vi 或 vim 编辑器是创建和编辑简单文档最高效的工具。

## 2.3.2　vi 编辑器模式与转换

### 1. vi 的基本概念

vi 是一款源码开放的文本编辑器,也支持跨平台使用,在使用之前要先对它有一定了解。vi 基本上可以分为 3 种模式，分别是命令行模式（command mode）、插入模式（insert mode）和可视模式（visual mode），这 3 种模式与编辑模式之间的转换如图 2-9 所示。

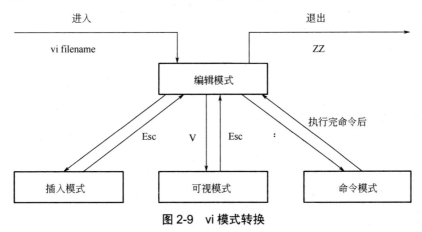

图 2-9　vi 模式转换

1）命令行模式

命令行模式用来控制屏幕光标的移动，字符、字或行的删除，移动复制某区段及进入插入模式下，或者到底行模式。

2）插入模式

只有在插入模式下，才可以做文字输入，按<Esc>键可回到命令行模式。

3）可视模式

剪切和粘贴的最佳方法是使用可视模式，这是一种特殊模式。大家可以认为可视模式是"高亮显示文本"模式。一旦文本被高亮显示，就可以进行复制或剪切，并进行粘贴了。

3 种模式都可以通过命令进行相互转换。

**2.　vi 的基本操作**

1）进入 vi

在系统提示符号输入 vi 及文件名称后，就进入 vi 全屏幕编辑画面：

```
$ vi myfile
```

不过有一点要特别注意，就是进入 vi 之后，是处于命令行模式下，要切换到插入模式才能够输入文字。初次使用 vi 的人都会想先用上下左右键移动光标，结果电脑一直发出"哔哔"响声，所以进入 vi 后，先不要乱动，而是转换到插入模式。

2）切换至插入模式编辑文件

在命令行模式下按一下字母〈i〉键就可以进入插入模式，这时候就可以开始输入文字了。

3）插入模式的切换

目前处于插入模式，用户就只能一直输入文字，如果发现输错了字，想用光标键往回移动，将该字删除，就要先按一下〈Esc〉键转到命令行模式再删除文字。

4）退出 vi 及保存文件

在命令行模式下，按一下〈：〉键进入底行模式，例如：

：w filename （输入「w filename」将文章以指定的文件名 filename 保存）。

：wq （输入「wq」，存盘并退出 vi）。

：q! （输入「q!」，不存盘强制退出 vi）。

### 3. 命令行模式功能键

1）插入模式

按〈i〉进入插入模式后是从光标当前位置开始输入文件。

按〈a〉进入插入模式后，是从目前光标所在位置的下一个位置开始输入文字。

按〈o〉进入插入模式后，是插入新的一行，从行首开始输入文字。

2）从插入模式切换为命令行模式

按〈Esc〉键。

3）移动光标

vi 可以直接用键盘上的光标来上下左右移动，但正规的 vi 是用小写英文字母「h」、「j」、「k」、「l」，分别控制光标左、下、上、右移一格。

按〈Ctrl+b〉键：屏幕往"后"移动一页。

按〈Ctrl+f〉键：屏幕往"前"移动一页。

按〈Ctrl+u〉键：屏幕往"后"移动半页。

按〈Ctrl+d〉键：屏幕往"前"移动半页。

按数字〈0〉键：移动到文章的开头。

按「G」：移动到文章的最后。

按「$」：移动到光标所在行的"行尾"。

按「^」：移动到光标所在行的"行首"。

按「w」：光标跳到下个字的开头。

按「e」：光标跳到下个字的字尾。

按「b」：光标回到上个字的开头。

按「#l」：光标移动到该行的第#个位置，如 5l，56l。

4）删除文字

「x」：每按一次，删除光标所在位置的"后面"一个字符。

「#x」：例如，「6x」表示删除光标所在位置的"后面"6个字符。

「X」：大写的 X，每按一次，删除光标所在位置的"前面"一个字符。

「#X」：例如，「20X」表示删除光标所在位置的"前面"20个字符。

「dd」：删除光标所在行。

「#dd」：从光标所在行开始删除#行。

5）复制

「yw」：将光标所在之处到字尾的字符复制到缓冲区。

「#yw」：复制#个字符到缓冲区。

「yy」：复制光标所在行到缓冲区。

「#yy」：例如，「6yy」表示复制从光标所在的该行"往下数"6行文字。

「p」：将缓冲区内的字符贴到光标所在位置。注意：所有与"y"有关的复制命令都必须与"p"配合才能完成复制与粘贴功能。

6）替换

「r」：替换光标所在处的字符。

「R」：替换光标所到之处的字符，直到按下〈Esc〉键为止。

7）回复上一次操作

「u」：如果误执行一个命令，可以马上按下「u」，回到上一个操作。按多次「u」键可以执行多次回复。

8）更改

「cw」：更改光标所在处的字到字尾处。

「c#w」：例如，「c3w」表示更改 3 个字。

9）跳至指定的行

「Ctrl+g」：列出光标所在行的行号。

「#G」：例如，「15G」表示移动光标至文章的第 15 行行首。

📖 **案例分析与解决**

# 2.4　案例二　管理 Linux 文件和目录

小杨为了尽快完成对公司的 Linux 服务器的部署，安装好 Linux 操作系统以后，需要进一步对 Linux 系统中的目录和文件进行管理，如需为各个部门存放文件，那么就需要新建目录。很久不使用的目录和文件需要清理，就要对目录和文件进行删除。一些重要的目录和文件需要备份，可以对文件和目录进行复制。还可根据员工的不同权限，修改文件与目录的属性，对文件和目录进行安全、合理的管理。同时也要熟悉获取命令帮助的常用方法，以便随时查阅服务器维护管理的命令用法。

## 2.4.1　管理用户目录

在开始管理用户目录之前，必须先了解一下所谓的"路径（PATH）"，什么是"相对路径"与"绝对路径"。

●绝对路径：路径的写法一定由根目录/写起，如/usr/share/doc 这个目录。

●相对路径：路径的写法不是由根目录/写起，如由/usr/share/doc 到/usr/share/man 底下时，可以写成：cd../man，这就是相对路径的写法。相对路径意指相对于目前工作目录的路径。

**1. cd 命令：变换目录**

cd 是 Change Directory 的缩写，这是用来变换工作目录的命令。注意，目录名称与 cd 命令之间存在一个空格。登录 Linux 系统后，root 会在 root 的家目录下，要回到上一层目录可以用「cd..」。利用相对路径的写法必须确认目前的路径才能正确地去到想要去的目录。例如上表当中最后一个例子，当前是在/var/spool/mail 当中，并且知道在/var/spool 当中有个 mqueue 的目录才行，这样才能使用 cd ../mqueue 去到达正确的目录，否则就要直接输入 cd /var/spool/mqueue。

其实，在 [root@ localhost ~]# 当中，就已经指出当前的目录了，刚登录时会到自己的家目录中，而家目录还有一个代码，即「~」符号。从上面的例子可以发现，使用「cd ~」可以回到个人的家目录里去。另外，针对 cd 的使用方法，如果仅输入 cd，代表的就是「cd ~」的意思，也会回到自己的家目录。

小杨使用 cd 命令来变换目录。

```
[root@localhost ~]# cd  相对路径或绝对路径
# 最重要的就是目录的绝对路径与相对路径，还有一些特殊目录的符号；
[root@localhost ~]# cd ~vbird
# 代表去到 vbird 这个使用者的家目录，亦即 /home/vbird；
[root@localhost vbird]# cd ~
# 表示回到自己的家目录，即是 /root 这个目录；
[root@localhost ~]# cd
# 没有加上任何路径，还是代表回到自己的家目录；
[root@localhost ~]# cd ..
# 表示去到目前的上一级目录，即/root 的上一级目录；
[root@localhost /]# cd -
# 表示回到刚刚的那个目录，也就是 /root ；
[root@localhost ~]# cd /var/spool/mail
# 这个就是绝对路径的写法，直接指定要去的完整路径名称；
[root@localhost mail]# cd ../mqueue
```

# 这个是相对路径的写法，由/var/spool/mail 去到/var/spool/mqueue 就这样写。

### 2. pwd 命令：显示目前所在的目录

pwd 是 Print Working Directory 的缩写，也就是显示目前所在目录的命令，例如当前所在目录是/var/mail，但是提示字节仅显示 mail，如果想要知道目前所在的目录，输入 pwd 即可。

小杨现在显示当前目录：

```
[root@localhost ~]# pwd
 /root                                    #显示出当前目录了；
[root@localhost ~]# cd /var/mail    #注意，/var/mail 是一个连结档；
[root@ localhost mail]# pwd
/var/mail                                #列出目前的工作目录；
[root@localhost mail]# pwd -P
/var/spool/mail                          #有没有加 -P 差很多；
[root@localhost mail]# ls -ld /var/mail
lrwxrwxrwx 1 root root 10 Sep  4 17:54 /var/mail -> spool/mail
```

# 看到这里应该知道因为 `/var/mail` 是连结档，连结到 `/var/spool/mail`，所以，加上 `pwd -P` 的选项后，不以连结档的数据显示，而是显示正确的完整路径；

### 3. mkdir 命令：创建新目录

要创建新的目录的话，那么就使用 mkdir 命令，不过，在默认的情况下，所需要的目录得一层一层地创建才行。例如：假如要创建一个目录为 /home/bird/testing/test1，那么首先必须要有/home，然后是/home/bird，再就是/home/bird/testing，这些都必须存在，才可以创建/home/bird/testing/test1 这个目录。假如没有 /home/bird/testing，就没有办法创建 test1 的目录。

不过，现在有个更简单有效的方法，那就是加上 -p 这个选项。用户可以直接下达"mkdir -p /home/bird/testing/test1"命令，系统会自动地帮助用户将/home、/home/bird、/home/bird/testing 依序地创建起目录，并且，如果该目录本来就存在，系统也不会显示错误信息。

小杨现在创建新目录：

```
[root@ localhost ~]# mkdir [-mp] 目录名称
```

选项与参数：

-m ：配置文件的权限，直接配置，不需要看默认权限；

-p ：帮助用户直接创建所需要的目录(包含上一级目录)；

```
[root@localhost ~]# cd /tmp
[root@localhost tmp]# mkdir test      #创建一名为 test 的新目录；
[root@ localhost tmp]# mkdir test1/test2/test3/test4
mkdir: cannot create directory `test1/test2/test3/test4':
No such file or directory       # 没办法直接创建此目录；
[root@localhost tmp]# mkdir -p test1/test2/test3/test4
```

# 加了这个 -p 的选项，可以自行帮用户创建多层目录。

### 范例一：创建权限为 **rwx--x--x** 的目录

```
[root@localhost tmp]# mkdir -m 711 test2
[root@localhost tmp]# ls -l
drwxr-xr-x  3 root  root 4096 Jul 18 12:50 test
drwxr-xr-x  3 root  root 4096 Jul 18 12:53 test1
drwx--x--x  2 root  root 4096 Jul 18 12:54 test2
```

# 仔细看上面的权限部分，如果没有加上 -m 来强制配置属性，系统就会使用默认属性。

### 4. rmdir 命令：删除空的目录

如果想要删除以前的目录，就使用 rmdir 命令。例如将刚刚创建的 test 删掉，使用 rmdir test 命令即可。请注意，目录需要一层一层地删除才行，而且被删除的目录里面必定不能存在其他的目录或文件。这也是所谓的空的目录（empty directory）。那如果要将所有目录下的东西都删除掉，这个时候就必须使用 rm -r test 命令。不过，还是使用 rmdir 命令比较安全。

```
[root@localhost~]# rmdir [-p] 目录名称
```

选项与参数：

-p ：连同上一级【空的】目录也一起删除；

范例二：将于 **mkdir** 范例中创建的目录 **(/tmp** 下)删除掉

```
[root@localhost tmp]# ls -l        #看看有多少目录存在；
drwxr-xr-x  3 root  root 4096 Jul 18 12:50 test
drwxr-xr-x  3 root  root 4096 Jul 18 12:53 test1
drwx--x--x  2 root  root 4096 Jul 18 12:54 test2
[root@localhost tmp]# rmdir test       #可直接删除掉，没问题；
[root@localhost tmp]# rmdir test1    #因为尚有内容，所以无法删除；
rmdir: `test1': Directory not empty
[root@localhost tmp]# rmdir -p test1/test2/test3/test4
[root@localhost tmp]# ls -l          # test 与 test1 都被删除了；
drwx--x--x  2 root  root 4096 Jul 18 12:54 test2
# 利用 -p 这个选项，立刻就可以将 test1/test2/test3/test4 一次删除；
# 不过要注意的是，这个 rmdir 命令仅能删除空的目录。
```

注意：Linux 的默认命令列模式 (bash shell) 具有文件补齐功能，用户要常常利用 <tab> 键将命令补充完整。

## 2.4.2 管理用户文件

练习完目录与路径之后，再来讨论一下文件的一些基本管理。在文件与目录的管理上，不外乎"显示属性"、"复制"、"删除文件"及"移动文件或目录"等，由于文件与目录的管理在 Linux 当中是很重要的，尤其是每个人自己的目录数据也都需要注意管理。所以接下来来练习有关文件与目录的一些基础管理部分。

### 1. ls 命令：文件与目录的查看

在 Linux 系统当中，这个 ls 命令可能是最常被运行的：

```
[root@localhost ~]# ls [-aAdfFhilnrRSt] 目录名称
[root@localhost ~]# ls [--color={never,auto,always}] 目录名称
[root@localhost ~]# ls [--full-time] 目录名称
```

选项与参数：

-a：全部的文件，连同隐藏档（开头为 . 的文件）一起列出来。

-A：全部的文件，连同隐藏档，但不包括 . 与 .. 这两个目录。

-d：仅列出目录本身，而不是列出目录内的文件数据（常用）。

-f：直接列出结果，而不进行排序（ls 默认会以文档名排序）。

-F：根据文件、目录等资讯，给予附加数据结构，例如：

　　*:代表可运行档；　/:代表目录；　=:代表 socket 文件；　|:代表 FIFO 文件。

-t：依时间顺序，而不是用文件名；

--time={atime,ctime}：输出 access 时间或改变权限属性时间（ctime），而非内容变更时间

（modification time）。

**范例一：将家目录下的所有文件列出来（含属性与隐藏档）**

```
[root@localhost ~]# ls -al ~
total 156
drwxr-x--- 4 root root  4096 Sep 24 00:07 .
drwxr-xr-x 23 root root  4096 Sep 22 12:09 ..
-rw------- 1 root root  1474 Sep  4 18:27 anaconda-ks.cfg
-rw------- 1 root root   955 Sep 24 00:08 .bash_history
-rw-r--r-- 1 root root    24 Jan  6 2007 .bash_logout
-rw-r--r-- 1 root root   191 Jan  6 2007 .bash_profile
-rw-r--r-- 1 root root   176 Jan  6 2007 .bashrc
drwx------ 3 root root  4096 Sep 5 10:37 .gconf
-rw-r--r-- 1 root root 42304 Sep  4 18:26 install.log
-rw-r--r-- 1 root root  5661 Sep  4 18:25 install.log.syslog
# 这个时候会看到以 . 为开头的几个文件，以及目录档 (.)、(..)、.gconf 等。
```

**范例二：完整的呈现文件的修改时间**

```
[root@localhost ~]# ls -al --full-time  ~
total 156
drwxr-x--- 4 root root  4096 2008-09-24 00:07:00.000000 +0800 .
drwxr-xr-x 23 root root  4096 2008-09-22 12:09:32.000000 +0800 ..
-rw------- 1 root root  1474 2008-09-04 18:27:10.000000 +0800
anaconda-ks.cfg
   -rw------- 1 root root   955 2008-09-24 00:08:14.000000
+0800 .bash_history
   -rw-r--r-- 1 root root    24 2007-01-06 17:05:04.000000
+0800 .bash_logout
   -rw-r--r-- 1 root root   191 2007-01-06 17:05:04.000000
+0800 .bash_profile
   -rw-r--r-- 1 root root   176 2007-01-06 17:05:04.000000
+0800 .bashrc
   drwx------ 3 root root  4096 2008-09-05 10:37:49.000000
+0800 .gconf
   -rw-r--r-- 1 root root 42304 2008-09-04 18:26:57.000000 +0800
install.log
   -rw-r--r-- 1 root root  5661 2008-09-04 18:25:55.000000 +0800
install.log.syslog
# 请仔细看，上面的时间栏位变了，变成较为完整的格式；
# 一般来说，ls -al 仅列出目前短格式的时间，有时不会列出年份；
# 由 --full-time 可以查阅到比较正确的、完整的时间格式。
```

### 2. cp 命令：复制文件或目录

```
[root@localhost ~]# cp [-adfilprsu]来源档(source) 目标档(destination)
[root@localhost ~]# cp[options]source1 source2 source3 .... directory
```

选项与参数：

-a：相当于 -pdr 的意思，至于 pdr 请参考下列说明。

-d：若来源档为连结档的属性（link file），则复制连结档属性而非文件本身。

-f：为强制（force）的意思，若目标文件已经存在且无法开启，则移除后再尝试一次。

-i：若目标档（destination）已经存在，在覆盖时会先询问动作的进行（常用）。

最后需要注意的是，如果来源档有两个以上，则最后一个目标档一定要是目录才行！

复制（cp）这个命令是非常重要的，不同身份者运行这个命令会有不同的结果产生，尤其是那个-a、-p 的选项。对于不同身份来说，差异非常大。在接下来的练习中，有的身份为 root，有的身份为一般账号（在这里用 vbird 这个账号），练习时请特别注意身份的差别。

**范例一：用 root 身份，将家目录下的 .bashrc 复制到 /tmp 下，并更名为 bashrc**

```
[root@ localhost ~]# cp ~/.bashrc /tmp/bashrc
[root@ localhost ~]# cp -i ~/.bashrc /tmp/bashrc
cp: overwrite `/tmp/bashrc'? n              #n 不覆盖，y 为覆盖；
```

# 重复作两次动作，由于 /tmp 下已经存在 bashrc 了，加上-i 选项后，则在覆盖前会询问使用者是否确定，可以按下 n 键或者 y 键来再次确认；

**范例二：变换目录到/tmp，并将/var/log/wtmp 复制到/tmp 且观察属性**

```
[root@localhost ~]# cd /tmp
[root@localhost tmp]# cp /var/log/wtmp . #想要复制到目前的目录，最后的
[.]不要忘；
[root@localhost tmp]# ls -l /var/log/wtmp wtmp
-rw-rw-r-- 1 root utmp 96384 Sep 24 11:54 /var/log/wtmp
-rw-r--r-- 1 root root 96384 Sep 24 14:06 wtmp
```

# 注意上面的特殊字体，在不加任何选项的情况下，文件的某些属性/权限会改变；

# 这是个很重要的特性，要多加注意。还有，文件创建的时间也不同了；

# 如果想要将文件的所有特性都一起复制过来该怎么办？可以加上 -a 。如下所示：

```
[root@localhost tmp]# cp -a /var/log/wtmp wtmp_2
[root@localhost tmp]# ls -l /var/log/wtmp wtmp_2
-rw-rw-r-- 1 root utmp 96384 Sep 24 11:54 /var/log/wtmp
-rw-rw-r-- 1 root utmp 96384 Sep 24 11:54 wtmp_2
```

**范例三：复制 /etc/ 这个目录下的所有内容到 /tmp 下**

```
[root@localhost tmp]# cp /etc/ /tmp
cp: omitting directory `/etc'    #如果是目录则不能直接复制，要加上 -r 的
选项；
[root@localhost tmp]# cp -r /etc/ /tmp
```

\# 还是要再次的强调，-r 虽然可以复制目录，但是，文件与目录的权限可能会被改变；
\# 所以，也可以利用"cp -a /etc /tmp"来下达命令，尤其是在备份的情况下；

**范例四：将范例一复制的 `bashrc` 创建一个连结档 (symbolic link)**

```
[root@localhost tmp]# ls -l bashrc
-rw-r--r-- 1 root root 176 Sep 24 14:02 bashrc  #先观察一下文件情况；
[root@localhost tmp]# cp -s bashrc bashrc_slink
[root@localhost tmp]# cp -l bashrc bashrc_hlink
[root@localhost tmp]# ls -l bashrc*
-rw-r--r-- 2 root root 176 Sep 24 14:02 bashrc  #与原始文件不太一样了；
-rw-r--r-- 2 root root 176 Sep 24 14:02 bashrc_hlink
lrwxrwxrwx 1 root root   6 Sep 24 14:20 bashrc_slink -> bashrc
```

**范例五：将家目录的 `.bashrc` 及 `.bash_history` 复制到 `/tmp` 下**

```
[root@localhost tmp]# cp ~/.bashrc ~/.bash_history /tmp
```
\# 可以将多个数据一次复制到同一个目录中去，最后面一定是目录。

**3. rm 命令：删除文件或目录**

```
[root@localhost ~]# rm [-fir] 文件或目录
```
选项与参数：
-f：就是 force 的意思，忽略不存在的文件，不会出现警告信息。
-i：互动模式，在删除前会询问使用者是否动作。
-r：全部删除，最常用于目录的删除。

**范例一：将刚刚在 cp 的范例中创建的 bashrc 删除掉**

```
[root@localhost ~]# cd /tmp
[root@localhost tmp]# rm -i bashrc
rm: remove regular file `bashrc'? y
```
\# 如果加上 -i 的选项就会主动询问，避免错误地删除档名。

**范例二：通过万用字节\*的帮忙，将/tmp 底下开头为 bashrc 的档名全部删除**

```
[root@localhost tmp]# rm -i bashrc*
```
\# 注意"\*"，代表的是 0 到无穷多个任意字节。

**范例三：将 cp 范例中所创建的 /tmp/etc/ 这个目录删除掉**

```
[root@localhost tmp]# rmdir /tmp/etc
rmdir: etc: Directory not empty  # 删不掉，因为这不是空的目录；
[root@localhost tmp]# rm -r /tmp/etc
rm: descend into directory `/tmp/etc'? y
```
…… (中间省略) ……
\# 因为身份是 root，默认已经加入了-i 的选项，所以要一直按<y>键才会删除；
\# 如果不想要继续按<y>键，可以按下<ctrl+c>键来结束 rm 的工作；
\# 这是一种保护的动作，如果确定要删除掉此目录而不要询问，可以这样做：
```
[root@localhost tmp]# \rm -r /tmp/etc
```

# 在命令前加上反斜线，可以忽略掉 alias 的指定选项。

**范例四：删除一个带有 - 开头的文件**

```
[root@localhost tmp]# touch ./-aaa-   #touch 这个命令可以创建空文件；
[root@localhost tmp]# ls -l
-rw-r--r-- 1 root  root      0 Sep 24 15:03 -aaa-   #文件大小为 0，所以是空文件；
[root@localhost tmp]# rm -aaa-
Try `rm --help' for more information. # 因为"-"是选项，所以系统误判了；
[root@localhost tmp]# rm ./-aaa-。
```

**注意：**通常在 Linux 系统下，为了避免文件被误删，很多 distributions 都已经默认加入 -i 这个选项了，而如果要连目录下的东西都一起删除，例如子目录里面还有子目录时，那就要使用 -r 这个选项了，不过，使用"rm-r"这个命令之前，请千万注意，因为该目录或文件肯定会被 root 删掉，所以系统不会再次询问用户是否要删掉。

## 4. mv 命令：移出文件、目录或改名

```
[root@localhost ~]# mv [-fiu] source destination
[root@localhost ~]# mv [options] source1 source2 source3 ……directory
```

选项与参数：

-f: force 强制的意思，如果目标文件已经存在，不会询问而直接覆盖。

-i: 若目标文件（destination）已经存在时，就会询问是否覆盖。

-u: 若目标文件已经存在，且 source 比较新，才会升级（update）。

**范例一：复制一文件，创建一目录，将文件移动到目录中**

```
[root@localhost ~]# cd /tmp
[root@localhost tmp]# cp ~/.bashrc bashrc
[root@localhost tmp]# mkdir mvtest
[root@localhost tmp]# mv bashrc mvtest
```

# 将某个文件移动到某个目录中去。

**范例二：将范例一的目录名称更名为 mvtest2**

```
[root@localhost tmp]# mv mvtest mvtest2
```

# 其实在 Linux 下还有个有趣的命令，名称为 rename ，该命令专职进行多个文档名的同时更名，并非针对单一文档名变更，与 mv 不同。

**范例三：创建两个文件，再全部移动到 /tmp/mvtest2 当中**

```
[root@localhost tmp]# cp ~/.bashrc bashrc1
[root@localhost tmp]# cp ~/.bashrc bashrc2
[root@localhost tmp]# mv bashrc1 bashrc2 mvtest2
```

**注意：**如果有多个来源文件或目录，则最后一个目标档一定是目录，意思是将所有的数据移动到该目录。

## 5. cat 命令：由第一行开始显示文件内容

```
[root@localhost ~]# cat [-AbEnTv]
```
选项与参数：

-A：相当于-vET 的整合选项，可列出一些特殊字符而不是空白。

-b：列出行号，仅针对非空白行做行号显示，空白行不标行号。

-E：将结尾的断行字节$显示出来。

-n：列印出行号，连同空白行也会有行号，与-b 的选项不同。

-T：将〈tab〉按键以^I 显示出来。

-v：列出一些看不出来的特殊字符。

### 范例一：检阅 /etc/issue 这个文件的内容

```
[root@localhost ~]# cat /etc/issue
CentOS release 5.3 (Final)
Kernel \r on an \m
```

### 范例二：承上题，加印行号

```
[root@localhost ~]# cat -n /etc/issue
    1  CentOS release 5.3 (Final)
    2  Kernel \r on an \m
```
#可以打印出行号，这对于大文件要找某个特定的行时，有点用处。

## 6. tac 命令：反向显示

```
[root@localhost ~]# tac /etc/issue
Kernel \r on an \m
CentOS release 5.3 (Final)
```
#与上面的范例一比较，是由最后一行先显示的。

## 7. nl 命令：添加行号显示

```
[root@localhost ~]# nl [-bnw] 文件
```
选项与参数：

-b：指定行号指定的方式，主要有两种。

-b a：表示不论是否为空行，也同样列出行号(类似 cat -n) 。

-b t：如果有空行，空的那一行不要列出行号(默认值) 。

-n：列出行号表示的方法，主要有三种。

-n ln：行号在屏幕的最左方显示。

-n rn：行号在自己栏位的最右方显示，且不加 0。

-n rz：行号在自己栏位的最右方显示，且加 0。

-w：行号栏位占用的位数。

### 范例：用 nl 列出 /etc/issue 的内容

```
[root@localhost ~]# nl /etc/issue
```

```
1  CentOS release 5.3 (Final)
2  Kernel \r on an \m
```

# 注意看，这个文件其实有三行，第三行为空白（没有任何字节），因为它是空白行，所以 nl 不会加上行号，如果确定要加上行号，可以这样做。

### 8. more 命令：一页一页地显示

```
[root@localhost ~]# more /etc/man.config
#
# Generated automatically from man.conf.in by the
# configure script.
#
# man.conf from man-1.6d
```

……（中间省略）……

--more--(35%)  <== 重点在这一行，光标也会在这里等待命令；

在 more 这个程序的运行过程中，有几个按键可以按：

<Space>键：代表向下翻一页。

<Enter>键：代表向下翻一行。

/字串：代表在此显示的内容当中，向下搜寻"字串"这个关键字。

:f：立刻显示出文档名以及目前显示的行数。

q：代表立刻离开 more，不再显示该文件内容。

b 或<Ctrl>+：代表往回翻页，不过这动作只对文件有用，对管线无用。

要离开 more 这个命令的显示工作，按下<q>键就可以了。而要向下翻页，使用<Space>键即可。

### 9. less 命令： 一页一页翻动

```
[root@localhost ~]# less /etc/man.config
#
# Generated automatically from man.conf.in by the
# configure script.
#
# man.conf from man-1.6d
```

……(中间省略)……

:   <== 这里可以等待输入命令。

比起 more less 的用法更加有弹性。在使用 more 的时候，并没有办法向前面翻， 只能往后面看，但若使用了 less，就可以使用 <PageUp>、<PageDown>按键的功能来往前、往后翻看文件，更容易查看一个文件的内容。

<Space>键：向下翻动一页。

<PageDown>键：向下翻动一页。

<PageUp>键：向上翻动一页。

/字串：向下搜寻"字串"的功能。

?字串：向上搜寻"字串"的功能。

n：重复前一个搜寻（与 / 或 ? 有关！）。

N：反向地重复前一个搜寻（与 / 或 ? 有关！）。

q：离开 less 这个程序。

10．head 命令：显示前面几行。

```
[root@localhost ~]# head [-n number] 文件
```

选项与参数：

-n：后面接数字，代表显示几行的意思。

```
[root@localhost ~]# head /etc/man.config
```

# 默认的情况中，显示前面 10 行！若要显示前 20 行，就要这样：

```
[root@localhost ~]# head -n 20 /etc/man.config
```

**范例：如果后面 100 行的数据都不列印，只列印 /etc/man.config 的前面几行**

```
[root@localhost ~]# head -n -100 /etc/man.config
```

## 11．Tail 命令：显示后面几行

```
[root@localhost ~]# tail [-n number] 文件
```

选项与参数：

-n：后面接数字，代表显示几行的意思。

-f：表示持续侦测后面所接的档名，要等到输入[Ctrl+c]才会结束 tail 的侦测。

```
[root@localhost ~]# tail /etc/man.config
```

# 默认的情况中，显示最后的 10 行！若要显示最后的 20 行，就要这样：

```
[root@localhost ~]# tail -n 20 /etc/man.config
```

**范例一：如果不知道/etc/man.config 有几行，却只想列出 100 行以后的数据**

```
[root@localhost ~]# tail -n +100 /etc/man.config
```

**范例二：持续侦测/var/log/messages 的内容**

```
[root@localhost ~]# tail -f /var/log/messages
```

#要等到输入[Ctrl+c]之后才会离开 tail 这个命令的侦测。

## 12．Touch 命令：建立新文件或修改文件时间

```
[root@localhost ~]# touch [-acdmt] 文件
```

选项与参数：

-a：仅修订 access time。

-c：仅修改文件的时间，若该文件不存在则不创建新文件。

-d：后面可以接欲修订的日期而不用目前的日期，也可以使用--date="日期或时间"。

-m：仅修改 mtime。

-t：后面可以接欲修订的时间而不用目前的时间，格式为[YYMMDDhhmm] 。

**范例一：新建一个空的文件并观察时间**

```
[root@localhost ~]# cd /tmp
[root@localhost tmp]# touch testtouch
```

```
[root@localhost tmp]# ls -l testtouch
-rw-r--r-- 1 root root 0 Sep 25 21:09 testtouch
```
# 注意，这个文件的大小是 0，在默认的状态下，如果 touch 后面又接文件，则该文件的三个时间 (atime/ctime/mtime) 都会升级为目前的时间。若该文件不存在，则会主动地创建一个新的空的文件。

**范例二：将~/.bashrc 复制成为 bashrc，假设复制完全的属性，检查其日期**
```
[root@localhost tmp]# cp -a ~/.bashrc bashrc
[root@localhost tmp]# ll bashrc; ll --time=atime bashrc; ll
--time=ctime bashrc
  -rw-r--r-- 1 root root 176 Jan  6  2007 bashrc #这是 mtime
  -rw-r--r-- 1 root root 176 Sep 25 21:11 bashrc #这是 atime
  -rw-r--r-- 1 root root 176 Sep 25 21:12 bashrc #这是 ctime
```
**范例三：修改范例二的 bashrc 文件，将日期调整为两天前**
```
[root@localhost tmp]# touch -d "2 days ago" bashrc
[root@localhost tmp]# ll bashrc; ll --time=atime bashrc; ll
--time=ctime bashrc
  -rw-r--r-- 1 root root 176 Sep 23 21:23 bashrc
  -rw-r--r-- 1 root root 176 Sep 23 21:23 bashrc
  -rw-r--r-- 1 root root 176 Sep 25 21:23 bashrc
```
# 跟上个范例比较来看，原来的 25 日变成了 23 日(atime/mtime)。不过，ctime 并没有跟着改变。

**范例四：将上个范例的 bashrc 日期改为 2007/09/15 2:02**
```
[root@localhost tmp]# touch -t 0709150202 bashrc
[root@localhost tmp]# ll bashrc; ll --time=atime bashrc; ll
--time=ctime bashrc
  -rw-r--r-- 1 root root 176 Sep 15  2007 bashrc
  -rw-r--r-- 1 root root 176 Sep 15  2007 bashrc
  -rw-r--r-- 1 root root 176 Sep 25 21:25 bashrc
```
# 注意，日期在 atime 与 mtime 都改变了，但是 ctime 则是记录目前的时间。

通过 touch 这个命令，用户可以轻易地修订文件的日期与时间，并且也可以创建一个空的文件。不过，要注意的是，即使复制一个文件，复制所有的属性，也没有办法复制 ctime 这个属性。ctime 可以记录这个文件最近的状态（status）被改变的时间。

## 2.4.3 管理文件和目录权限

在 Linux 中的每一个文件或目录都包含访问权限，这些访问权限决定了谁能访问和如何访问这些文件和目录。

可以通过以下三种方式限制访问权限：只允许用户自己访问；允许一个预先指定的用户组中的用户访问；允许系统中的任何用户访问。同时，用户能够控制一个给定的文件或目录的访问程度。一个文件或目录可能有读、写及执行权限。当创建一个文件时，系统会自动地赋予文件所有者读和写的权限，这样可以允许所有者能够显示文件内容和修改文件。文件所有者可以将这些权限改变为任何他想指定的权限。文件也许只有读权限，禁止任何修改。文件也可能只有执行权限，允许它像一个程序一样执行。

可以用-l 参数的 ls 命令显示文件的详细信息，其中包括权限。如下所示：

```
[root@localhost ~]# ls -lh
总用量 368K
-rw-r--r-- 1 root root 12K 8 月 15 23:18 conkyrc.sample
drwxr-xr-x 2 root root 48 9 月 4 16:32 Desktop
-r--r--r-- 1 root root 325K 10 月 22 21:08 libfreetype.so.6
drwxr-xr-x 2 root root 48 8 月 12 22:25 MyMusic
-rwxr-xr-x 1 root root 9.6K 11 月 5 08:08 net.eth0
-rwxr-xr-x 1 root root 9.6K 11 月 5 08:08 net.eth1
-rwxr-xr-x 1 root root 512 11 月 5 08:08 net.lo
drwxr-xr-x 2 root root 48 9 月 6 13:06 vmware
```

在执行 ls -l 或 ls -al 命令后显示的结果中，最前面的第 2～10 个字符是用来表示权限的。第一个字符一般用来区分文件和目录：

d：表示这是一个目录，事实上在 ext2fs 中，目录是一个特殊的文件。

-：表示这是一个普通的文件。

L：表示这是一个符号链接文件，实际上它指向另一个文件。

b、c：分别表示区块设备和其他的外围设备，是特殊类型的文件。

s、p：这些文件关系到系统的数据结构和管道，通常很少见到。

第 2～10 个字符当中的每 3 个为一组，左边 3 个字符表示所有者权限，中间 3 个字符表示与所有者同一组的用户的权限，右边 3 个字符是其他用户的权限。这 3 个一组共 9 个字符，代表的意义如下：

R（Read，读取）：对文件而言，具有读取文件内容的权限；对目录来说，具有浏览目录的权限。

W（Write，写入）：对文件而言，具有新增、修改文件内容的权限；对目录来说，具有删除、移动目录内文件的权限。

X（eXecute，执行）：对文件而言，具有执行文件的权限；对目录来说，该用户具有进入目录的权限。

-：表示不具有该项权限。

下面举例说明：

-rwx------：文件所有者对文件具有读取、写入和执行的权限。

-rwxr--r--：文件所有者具有读取、写入与执行的权限，其他用户则具有读取的权限。

-rw-rw-r-x：文件所有者与同组用户对文件具有读取、写入的权限，而其他用户仅具有读取和执行的权限。

drwx--x--x：目录所有者具有读取、写入与进入目录的权限，其他用户虽能进入该目录，却无法读取任何数据。

drwx------: 除了目录所有者具有完整的权限之外，其他用户对该目录完全没有任何权限。

每个用户都拥有自己的专属目录，通常集中放置在/home 目录下，这些专属目录的默认权限为 rwx------:

```
[root@localhost ~]# ls -al
总用量 5
drwxr-xr-x 9 root root 240 11月 8 18:30 .
drwxr-xr-t 22 root root 568 10月 15 09:13 ..
drwxr-xr-x 2 root root 48 8月 11 08:09 ftp
drwxrwxrwx 2 habil users 272 11月 13 19:13 habil
-rw-r--r-- 1 root root 0 7月 31 00:41 .keep
drwxr-xr-x 2 root root 72 11月 3 19:34 mp3
drwxr-xr-x 39 sailor users 1896 11月 11 13:35 sailor
drwxr-xr-x 3 temp users 168 11月 8 18:17 temp
drwxr-xr-x 3 test users 200 11月 8 22:40 test
drwxr-xr-x 65 wxd users 2952 11月 19 18:53 wxd
```

表示目录所有者本身具有所有权限，其他用户无法进入该目录。执行 mkdir 命令所创建的目录，其默认权限为 rwxr-xr-x，用户可以根据需要修改目录的权限。

此外，默认的权限可用 umask 命令修改，用法非常简单，只需执行 umask 777 命令，便代表屏蔽所有的权限，因而之后建立的文件或目录，其权限都变成 000，依次类推。通常 root 账号搭配 umask 命令的数值为 022、027 和 077，普通用户则是采用 002，这样所产生的权限依次为 755、750、700、775。

用户登录系统时，用户环境就会自动执行 rmask 命令来决定文件、目录的默认权限。

文件和目录的权限表示，是用 r、w、x 这 3 个字符来代表所有者、用户组和其他用户的权限。有时候，字符似乎过于麻烦，因此还有另外一种方法是以数字来表示权限，而且仅需 3 个数字。

r: 对应数值 4。

w: 对应数值 2。

x：对应数值 1。

一：对应数值 0。

数字设定的关键是 mode 的取值，一开始许多初学者会被搞糊涂，其实很简单，将 rwx 看成二进制数，如果有则用 1 表示，没有则用 0 表示，那么 rwx  r-x  r- -可以表示为：

111 101 100

再将其每 3 位转换成为一个十进制数，就是 754。

例如，想让 a.txt 这个文件的权限为：

自己 同组用户 其他用户

可读 是 是 是

可写 是 是

可执行

先根据上面得到权限串为 rw-rw-r--，那么转换成二进制数就是 110 110 100，再每 3 位转换成为一个十进制数，就得到 664，因此执行命令：

```
[root@localhost ~]# chmod 664 a.txt
```

按照上面的规则，rwx 合起来就是 4+2+1＝7，一个"rwxrwxrwx"权限全开放的文件，数值表示为 777；而完全不开放权限的文件"---------"其数字表示为 000。下面举几个例子：

-rwx------：等于数字表示 700。

-rwxr—r--：等于数字表示 744。

-rw-rw-r-x：等于数字表示 665。

drwx—x—x：等于数字表示 711。

drwx------：等于数字表示 700。

在文本模式下，可执行 chmod 命令去改变文件和目录的权限。先执行 ls -l 看看目录内的情况：

```
[root@localhost ~]# ls -l
总用量 368
-rw-r--r-- 1 root root 12172 8 月 15 23:18 conkyrc.sample
drwxr-xr-x 2 root root 48 9 月 4 16:32 Desktop
-r--r--r-- 1 root root 331844 10 月 22 21:08 libfreetype.so.6
drwxr-xr-x 2 root root 48 8 月 12 22:25 MyMusic
-rwxr-xr-x 1 root root 9776 11 月 5 08:08 net.eth0
-rwxr-xr-x 1 root root 9776 11 月 5 08:08 net.eth1
-rwxr-xr-x 1 root root 512 11 月 5 08:08 net.lo
drwxr-xr-x 2 root root 48 9 月 6 13:06 vmware
```

可以看到 conkyrc.sample 文件的权限是 644，然后把这个文件的权限改成 777。执行下面命令：

```
[root@localhost ~]# chmod 777 conkyrc.sample
```

然后看一下执行后 ls -l 的结果：

```
[root@localhost ~]# ls -l
总用量 368
-rwxrwxrwx 1 root root 12172 8 月 15 23:18 conkyrc.sample
drwxr-xr-x 2 root root 48 9 月 4 16:32 Desktop
-r--r--r-- 1 root root 331844 10 月 22 21:08 libfreetype.so.6
drwxr-xr-x 2 root root 48 8 月 12 22:25 MyMusic
-rwxr-xr-x 1 root root 9776 11 月 5 08:08 net.eth0
-rwxr-xr-x 1 root root 9776 11 月 5 08:08 net.eth1
-rwxr-xr-x 1 root root 512 11 月 5 08:08 net.lo
drwxr-xr-x 2 root root 48 9 月 6 13:06 vmware
```

可以看到 conkyrc.sample 文件的权限已经修改为 rwxrwxrwx。

如果要加上特殊权限，就必须使用 4 位数字才能表示。特殊权限的对应数值为：

s 或 S（SUID）：对应数值 4。

s 或 S（SGID）：对应数值 2。

t 或 T：对应数值 1。

用同样的方法修改文件权限就可以了。

例如：

```
[root@localhost ~]# chmod 7600 conkyrc.sample
[root@localhost ~]# ls -l
总用量 368
-rwS--S--T 1 root root 12172 8月 15 23:18 conkyrc.sample
drwxr-xr-x 2 root root 48 9月 4 16:32 Desktop
-r--r--r-- 1 root root 331844 10月 22 21:08 libfreetype.so.6
drwxr-xr-x 2 root root 48 8月 12 22:25 MyMusic
-rwxr-xr-x 1 root root 9776 11月 5 08:08 net.eth0
-rwxr-xr-x 1 root root 9776 11月 5 08:08 net.eth1
-rwxr-xr-x 1 root root 512 11月 5 08:08 net.lo
drwxr-xr-x 2 root root 48 9月 6 13:06 vmware
```

想一次修改某个目录下所有文件的权限，包括子目录中的文件权限也要修改，要使用参数 -R 表示启动递归处理。

例如：

```
[root@localhost ~]# chmod 777 /home/user  #仅把/home/user 目录的权限
设置为 rwxrwxrwx;
[root@localhost ~]# chmod -R 777 /home/user  #表示将整个/home/user
目录与其中的文件和子目录的权限都设置为 rwxrwxrwx。
```

chown 命令：改变目录或文件的所有权。

文件与目录不仅可以改变权限，其所有权及所属用户组也能修改。和设置权限类似，用户可以通过图形界面来设置，或执行 chown 命令来修改。

先执行 ls -l 看看目录内的情况：

```
[root@localhost ~]# ls -l
总用量 368
-rwxrwxrwx 1 root root 12172 8月 15 23:18 conkyrc.sample
drwxr-xr-x 2 root root 48 9月 4 16:32 Desktop
-r--r--r-- 1 root root 331844 10月 22 21:08 libfreetype.so.6
drwxr-xr-x 2 root root 48 8月 12 22:25 MyMusic
-rwxr-xr-x 1 root root 9776 11月 5 08:08 net.eth0
-rwxr-xr-x 1 root root 9776 11月 5 08:08 net.eth1
-rwxr-xr-x 1 root root 512 11月 5 08:08 net.lo
drwxr-xr-x 2 root root 48 9月 6 13:06 vmware
```

可以看到 conkyrc.sample 文件的所属用户组为 root，所有者为 root。

执行下面命令，把 conkyrc.sample 文件的所有权转移到用户 user::

```
[root@localhost ~]# chown user conkyrc.sample
[root@localhost ~]# ls -l
总用量 368
```

```
-rwxrwxrwx 1 user root 12172 8 月 15 23:18 conkyrc.sample
drwxr-xr-x 2 root root 48 9 月 4 16:32 Desktop
-r--r--r-- 1 root root 331844 10 月 22 21:08 libfreetype.so.6
drwxr-xr-x 2 root root 48 8 月 12 22:25 MyMusic
-rwxr-xr-x 1 root root 9776 11 月 5 08:08 net.eth0
-rwxr-xr-x 1 root root 9776 11 月 5 08:08 net.eth1
-rwxr-xr-x 1 root root 512 11 月 5 08:08 net.lo
drwxr-xr-x 2 root root 48 9 月 6 13:06 vmware
```

要改变所属组，可使用下面命令：

```
[root@localhost ~]# chown :users conkyrc.sample
[root@localhost ~]# ls -l
```

总用量 368

```
-rwxrwxrwx 1 user users 12172 8 月 15 23:18 conkyrc.sample
drwxr-xr-x 2 root root 48 9 月 4 16:32 Desktop
-r--r--r-- 1 root root 331844 10 月 22 21:08 libfreetype.so.6
drwxr-xr-x 2 root root 48 8 月 12 22:25 MyMusic
-rwxr-xr-x 1 root root 9776 11 月 5 08:08 net.eth0
-rwxr-xr-x 1 root root 9776 11 月 5 08:08 net.eth1
-rwxr-xr-x 1 root root 512 11 月 5 08:08 net.lo
drwxr-xr-x 2 root root 48 9 月 6 13:06 vmware
```

要修改目录的权限，使用-R 参数就可以了，方法和前面的一样。

## 扩展任务

在 vi 编辑器中编写一个 C 程序，并编译执行；或者输入 shell 脚本，保存并执行。

```
#include<stdio.h>
Int main()
{
 Printf ("hello world");
return 0;
}
```

## 小　结

　　本章的主要目的是让大家快速、熟练地使用 Linux 操作系统，从文件的查看、新建、删除、复制等相关操作到目录的查看、新建、删除等操作。然后详细介绍了 Linux 强大的文本编辑器 vi 如何使用。通过一系列的介绍和练习，初学者也能够很快地掌握 Linux 操作系统的系统结构。

## 习 题

1．文件和目录的操作

（1）在根目录"/"下新建一目录 test。

（2）改变当前目录至 /test，在该目录下，以自己名字的英文缩写建一个空的文件，再建两个子目录 xh 与 ah。

（3）进入到 xh 子目录中，新建一个空文件 text1。

（4）进入到 ah 子目录中，再新建一个子目录 abc，同时建立空文件 text2。

（5）把刚建的 text1 文件移动到刚建立的 abc 子目录下，并改名为 text3，同时把 text2 文件复制到 xh 子目录中。

（6）删除 text3 文件与 xh 子目录及目录中的文件，并删除 abc 子目录。

2．vi 的使用

（1）请在/tmp 这个目录下建立一个名为 vitest 的目录。

（2）进入 vitest 这个目录当中。

（3）将/etc/man.config 复制到本目录下。

（4）使用 vi 开启本目录下的 man.config 文件。

（5）在 vi 中设定一下行号。

（6）移动到第 58 行，向右移动 40 个字符，请问您看到的双引号内是什么目录？

（7）移动到第一行，并且向下搜寻一下"bzip2"这个字符串，请问它在第几行？

（8）接下来，将 50 行到 100 行之间的 man 改为 MAN。

（9）修改完之后，突然反悔了，要全部复原，有哪些方法?

（10）复制 51 行到 60 行这 10 行的内容，并且粘贴到最后一行之后。

（11）删除 11 行到 30 行之间的 20 行。

（12）将这个文件另存成一个 man.test.config 的文件。

3．某系统管理员需每天做一定的重复工作，请按照下列要求，编制一个解决方案

（1）在下午 4 :50 删除/abc 目录下的全部子目录和全部文件。

（2）从早 8:00 至下午 6:00 每小时读取/xyz 目录下 x1 文件中每行第一个域的全部数据加入到/backup 目录下的 bak01.txt 文件内。

# 第 3 章

# 安装与管理应用程序

由于 Linux 操作系统的发行版本比较多，故软件包格式也比较多。Linux 的发行版本都采用了某种形式的软件包系统来简化配置管理工作，有了这种软件包管理系统，安装软件就可以像 Windows 操作系统那样简单、快捷。

## 📖 学习目标

- ☐ 理解 Linux 应用程序的组成部分
- ☐ 掌握使用 RPM 工具管理软件包的方法
- ☐ 掌握 YUM 管理 RPM 软件包
- ☐ 掌握图形界面软件包管理工具

## 📖 相关知识

## 3.1 Linux 应用程序基础

人们的日常工作、娱乐、学习都离不开计算机上的各种应用程序，当需要使用某种应用程序处理数据的时候，首先要安装此应用程序。在 Windows 操作系统中可以通过对应的安装文件进行软件的安装，Linux 操作系统同样也适用这种方法。

### 3.1.1 Linux 应用程序的组成

一个应用程序一般由 4 个部分组成：可执行文件、配置文件、帮助文件和库文件。在 Windows 操作系统中通过扩展名来区别一个应用程序的各种文件，比如可执行文件扩展名为.exe，配置文件扩展名为.ini。而 Linux 操作系统并没有严格的扩展名的区分，因此无法通过扩展名来分辨各种文件。前面学习过 ls 命令，此命令本身就是一个可执行文件，它被保存在/bin 目录中，是某个软件的一个组成部分。可以看出，Linux 操作系统是通过目录来区分各种类型的文件的。

可执行文件存放在/usr/bin 或/usr/sbin 目录中；

配置文件一般存放在/etc 目录中；

帮助文件（如 man 文档）一般存放在/usr/share/man 目录中；

库文件一般存放在/usr/lib 目录中。

由于存放目录的不同，用户可以很容易地分辨应用程序的各组成部分。

```
[root@localhost CentOS]# rpm -ql bash
/bin/bash                                  #可执行文件
/bin/sh
/etc/skel/.bash_logout                     #配置文件
/etc/skel/.bash_profile
/etc/skel/.bashrc
/usr/share/man/man1/bind.1.gz              #帮助文件
/usr/share/man/man1/break.1.gz
/usr/share/man/man1/builtin.1.gz
/usr/share/man/man1/builtins.1.gz
```

## 3.1.2 常见 Linux 软件包类型

### 1. 软件包的封装类型

Linux 常见的软件包是有扩展名的，一般有以下几种：

rpm 软件包：扩展名为 rpm。

deb 软件包：扩展名为 deb。

源代码软件包：一般扩展名为 tar.gz、tar.bz2 等格式的压缩包，包含程序的原始代码，如图 3-1 所示。

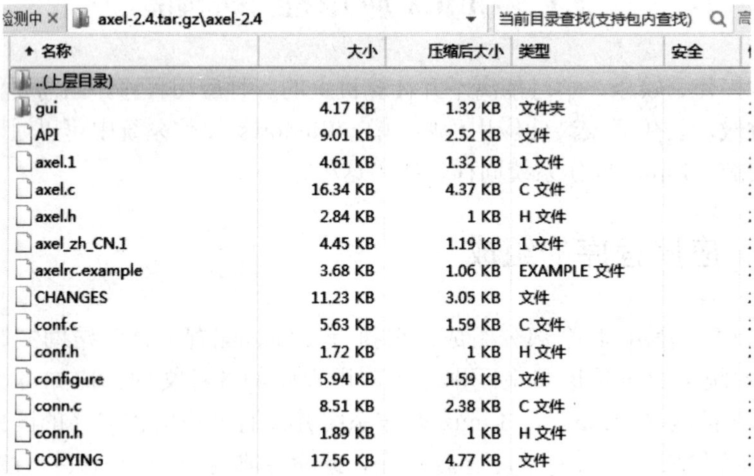


| 名称 | 大小 | 压缩后大小 | 类型 | 安全 |
|---|---|---|---|---|
| ..(上层目录) | | | | |
| gui | 4.17 KB | 1.32 KB | 文件夹 | |
| API | 9.01 KB | 2.52 KB | 文件 | |
| axel.1 | 4.61 KB | 1.32 KB | 1 文件 | |
| axel.c | 16.34 KB | 4.37 KB | C 文件 | |
| axel.h | 2.84 KB | 1 KB | H 文件 | |
| axel_zh_CN.1 | 4.45 KB | 1.19 KB | 1 文件 | |
| axelrc.example | 3.68 KB | 1.06 KB | EXAMPLE 文件 | |
| CHANGES | 11.23 KB | 3.05 KB | 文件 | |
| conf.c | 5.63 KB | 1.59 KB | C 文件 | |
| conf.h | 1.72 KB | 1 KB | H 文件 | |
| configure | 5.94 KB | 1.59 KB | 文件 | |
| conn.c | 8.51 KB | 2.38 KB | C 文件 | |
| conn.h | 1.89 KB | 1 KB | H 文件 | |
| COPYING | 17.56 KB | 4.77 KB | 文件 | |

**图 3-1 源代码软件包**

提供安装程序的软件包：在压缩包内提供 install.sh、setup 等安装程序，或以.bin 格式的单个执行文件提供，一般扩展名为 tar.gz、tar.bz2，如图 3-2 所示。

| 检测文件 | EIOffice_Personal_Lin.tar.gz\EIOffice_Personal | ▼ | 当前目录查找(支持包内查找) | Q | 高级 |
|---|---|---|---|---|---|

| ↑名称 | 大小 | 压缩后大小 | 类型 | 安全 | 修 |
|---|---|---|---|---|---|
| ..(上层目录) | | | | | |
| assocaiate | 22.90 KB | 23.07 KB | 文件夹 | | 20 |
| font | 19.58 MB | 16.14 MB | 文件夹 | | 20 |
| instdata | 16.96 MB | 13.98 MB | 文件夹 | | 20 |
| dispose.jar | 1020.63 KB | 841.50 KB | Executable Jar File | | 20 |
| Jre.zip | 26.57 MB | 21.90 MB | 好压 ZIP 压缩文件 | | 20 |
| close | 1 KB | 1 KB | 文件 | | 20 |
| config.eni | 1 KB | 1 KB | ENI 文件 | | 20 |
| dispose.ini | 1 KB | 1 KB | 配置设置 | | 20 |
| InstallInfo.ini | 1 KB | 1 KB | 配置设置 | | 20 |
| linkscript | 10.20 KB | 8.65 KB | 文件 | | 20 |
| setup | 20.34 KB | 16.89 KB | 文件 | | 20 |
| setup.bmp | 179.35 KB | 147.94 KB | BMP 文件 | | 20 |
| setup.sh | 2.82 KB | 2.47 KB | SH 文件 | | 20 |
| start.jpg | 121.37 KB | 100.13 KB | JPEG 图像 | | 20 |

图 3-2　提供安装程序软件包

　　绿色免安装的软件包在压缩包内提供已编译好的执行程序文件，解开压缩包后的文件即可直接使用。

### 2. 常见的软件包管理系统

　　常见的软件包管理系统有两种。Red Hat、Fedora、SUSE 和其他几种发行版本使用 RPM，即 Red Hat Package Manager（红帽软件包管理器），其软件包格式为.rpm。Debian 和 Ubuntu 使用 APT，即 Advanced Package Tool，其软件包格式为.deb。这两种格式功能类似。

　　本书使用的 Linux 版本为 CentOS，故其默认使用 RPM 软件包管理系统，RPM 最早是由 Red Hat 公司提出的软件包管理标准，目前应用于很多 Linux 发行版。它的软件包命名是有规范的，比如软件包"bash-3.0-19.2.i386.rpm"，各部分的命名都有其用意，如图 3-3 所示。

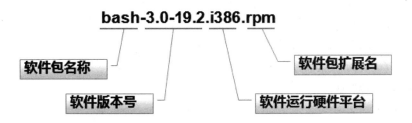

图 3-3　RPM 软件包命名规范

　　软件包名称为 bash，是 Linux 操作系统默认的命令解释器。

　　软件版本号为 3.0-19.2。

　　软件运行硬件平台为 i386。这与 CPU 的指令集有关，Intel 的 CPU 经过了几次更新换代，产生了 8086、8088、80286、80386、80486、奔腾（586）、奔腾二代（686）、奔腾三代（686）等型号。CPU 的每次换代，都增加了一些新的指令集，但都向下兼容。而软件包为了能发挥

CPU 的全部性能，就加入 CPU 相对应能执行的指令，因此产生了不同的软件包。所以，i686
的软件包能在奔腾二代以上的 CPU 上执行但基本不能在此之前的 CPU 如 486 上执行。而 i386
的软件包既可在 i386 的 CPU 上执行，也可在之后的所有 CPU 上执行，但不能发挥 CPU 的最
佳性能。另外还有一种软件包为 noarch.rpm，这种软件包可以在不同的 CPU 上使用。一般来
讲，现在的计算机从 i386.rpm 一直到 i686.rpm 都可安装。

软件包扩展名为 rpm。

# 3.2　安装与管理应用程序

## 3.2.1　RPM 工具安装应用程序

RPM 软件包管理系统提供了 rpm 命令来对应用程序进行管理。rpm 命令可以完成对软件
包的所有管理功能，如查询已安装在 Linux 系统中的 RPM 软件包的信息；查询 RPM 软件包安
装文件的信息；安装 RPM 软件包到当前 Linux 系统；从当前 Linux 系统中卸载已安装的 RPM
软件包；升级当前 Linux 系统中已安装的 RPM 软件包。

### 1. rpm 查询命令

语法：rpm　- q [options] pkg1 ... pkgN
选项：-p：查询未安装软件包。
　　　-f：查询文件属于哪个软件包。
　　　-a：查询所有安装的软件包。
　　　-l：查询软件安装的文件列表。

```
[yangjing@localhost ~]$ rpm -q bash          #查询 bash 是否安装
bash-3.2-21.el5
[yangjing@localhost ~]$ rpm -ql bash         #查询 bash 安装的文件列表
/bin/bash
/bin/sh
/etc/skel/.bash_logout
/etc/skel/.bash_profile
/etc/skel/.bashrc
/usr/bin/bashbug-32
/usr/share/doc/bash-3.2
/usr/share/doc/bash-3.2/CHANGES
/usr/share/doc/bash-3.2/COMPAT
/usr/share/doc/bash-3.2/FAQ
/usr/share/doc/bash-3.2/INTRO
/usr/share/doc/bash-3.2/NEWS
/usr/share/doc/bash-3.2/NOTES
```

```
/usr/share/doc/bash-3.2/POSIX
/usr/share/doc/bash-3.2/article.ms
/usr/share/doc/bash-3.2/article.ps
/usr/share/doc/bash-3.2/article.txt
[yangjing@localhost ~]$ rpm -qf /bin/ls    #查询 ls 命令由哪个软件安装
coreutils-5.97-14.el5
```

## 2. rpm 安装命令

语法：rpm －i [options] file1.rpm ... fileN.rpm
选项：--force：强制安装所指定的 RPM 软件包。

　　　--nodeps：安装、升级或卸载软件时，忽略依赖关系。

　　　-h：以"#"号显示安装的进度。

　　　-v：显示安装过程中的详细信息。

```
[root@localhost CentOS]# rpm -ivh vsftpd-2.0.5-12.el5.i386.rpm
Preparing... ################################### [100%]
   1:vsftpd ################################### [100%]
[root@localhost CentOS]# rpm -q vsftpd
vsftpd-2.0.5-12.el5
```

## 3. 卸载命令

语法：rpm －e [options] pkg1 ... pkgN
选项：--test：只执行删除的测试。
--nodeps：不检查依赖性。

```
[root@localhost CentOS]# rpm -e vsftpd
[root@localhost CentOS]# rpm -q vsftpd
package vsftpd is not installed
```

## 4. 升级命令

命令格式：rpm －U [options] file1.rpm ... fileN.rpm
详细选项：
-h：以"#"号显示升级的进度。
--test：只进行升级测试。
--force：忽略软件包及文件的冲突。
--prefix：将软件包安装到指定的路径下。
--nodeps：不检查依赖关系。

```
[root@localhost CentOS]# rpm -U joystick-1.2.15-20.2.2.i386.rpm
[root@localhost CentOS]# rpm -q joystick
joystick-1.2.15-20.2.2
```

注意：在进行升级的时候，如果没有旧版应用程序，将实现与安装一样的功能；如果有旧版应用程序，将在安装新版应用程序的同时卸载旧版应用程序。

## 3.2.2 YUM 工具安装应用程序

### 1. YUM 简介

YUM（yellow dog updater, modified）是一个在 Fedora 和 RedHat 以及 CentOS 中的 shell 前端软件包管理器。YUM 的理念是使用一个中心仓库（repository）管理一部分甚至一个发行版 Linux 的应用程序之间的关系，根据计算出来的软件依赖关系进行相关的升级、安装、删除等操作。它基于 RPM 软件包管理，能够从指定的服务器自动下载 RPM 软件包并进行安装，可以自动处理依赖性关系，并且一次安装所有依赖的软件包，无须烦琐地一次次下载、安装。由于 RPM 软件包之间存在依赖关系，当安装一个 RPM 软件的时候，可能会出现要求先安装另外一个 RPM 软件的情况，遇到这种情况可以先安装被依赖的软件包，但常常会出现死循环，比如安装 A 软件包需要先安装 B 软件包，安装 B 软件包需要先安装 C 软件包，安装 C 软件包需要先安装 A 软件包。这种情况就可以依赖 YUM 工具解决依赖关系。

YUM 主要功能是更方便地添加/删除/更新 RPM 软件包，自动解决软件包的依赖性问题，便于管理大量系统的更新问题。

YUM 可以同时配置多个资源库（repository），简洁的配置文件（/etc/yum.conf），自动解决增加或删除 RPM 软件包时遇到的依赖性问题，保持与 RPM 数据库的一致性。

### 2. 使用 YUM 管理 RPM 软件包

YUM 可以通过连接互联网 YUM 源服务器自动下载软件进行安装，也可以自己配置本地 YUM 源服务器提供软件的下载和安装。比如安装 finch 这个 RPM 软件包，会发现存在依赖关系。

```
[root@localhost CentOS]# rpm -ivh finch-2.3.1-1.el5.i386.rpm
error: Failed dependencies:
        libpurple.so.0 is needed by finch-2.3.1-1.el5.i386
[root@localhost CentOS]# yum install finch     #使用 YUM 连接互联网服务
器安装
Setting up Install Process
Parsing package install arguments
Resolving Dependencies
--> Running transaction check
---> Package finch.i386 0:2.6.6-32.el5 set to be updated
--> Processing Dependency: libpurple.so.0 for package: finch
--> Processing Dependency: libpurple = 2.6.6-32.el5 for package:
finch
--> Running transaction check
```

```
    ---> Package libpurple.i386 0:2.6.6-32.el5 set to be updated
    --> Processing Dependency: libmeanwhile.so.1 for package: libpurple
    --> Processing Dependency: libsilcclient-1.0.so.1 for package:
libpurple
    --> Processing Dependency: cyrus-sasl-md5 for package: libpurple
    --> Processing Dependency: libsilc-1.0.so.2 for package: libpurple
    --> Running transaction check
    ---> Package libsilc.i386 0:1.0.2-2.fc6 set to be updated
    ---> Package meanwhile.i386 0:1.0.2-5.el5 set to be updated
    ---> Package cyrus-sasl-md5.i386 0:2.1.22-7.el5_8.1 set to be
updated
    --> Processing Dependency: cyrus-sasl-lib = 2.1.22-7.el5_8.1 for
package: cyrus
sasl-md5
    --> Running transaction check
    --> Processing Dependency: cyrus-sasl-lib = 2.1.22-4 for package:
cyrus-sasl-de
    el
    --> Processing Dependency: cyrus-sasl-lib = 2.1.22-4 for package:
cyrus-sasl-pl
    in
    --> Processing Dependency: cyrus-sasl-lib = 2.1.22-4 for package:
cyrus-sasl
    ---> Package cyrus-sasl-lib.i386 0:2.1.22-7.el5_8.1 set to be
updated
    --> Running transaction check
    ---> Package cyrus-sasl-plain.i386 0:2.1.22-7.el5_8.1 set to be
updated
    ---> Package cyrus-sasl-devel.i386 0:2.1.22-7.el5_8.1 set to be
updated
    ---> Package cyrus-sasl.i386 0:2.1.22-7.el5_8.1 set to be updated
    --> Finished Dependency Resolution

Dependencies Resolved          #通过源服务器搜索到有依赖关系的软件包

================================================================
 Package          Arch      Version       Repository      Size
================================================================
Installing:
```

```
 finch              i386    2.6.6-32.el5     base          268 k
Updating:
 cyrus-sasl-lib    i386    2.1.22-7.el5_8.1 base          126 k
Installing for dependencies:
 cyrus-sasl-md5    i386    2.1.22-7.el5_8.1 base           46 k
 libpurple         i386    2.6.6-32.el5     base          8.3 M
 libsilc           i386    1.0.2-2.fc6      base          412 k
 meanwhile         i386    1.0.2-5.el5      base          108 k
Updating for dependencies:
 cyrus-sasl        i386    2.1.22-7.el5_8.1 base          1.2 M
 cyrus-sasl-devel  i386    2.1.22-7.el5_8.1 base          1.4 M
 cyrus-sasl-plain  i386    2.1.22-7.el5_8.1 base           27 k

Transaction Summary
================================================================
Install     5 Package(s)
Update      4 Package(s)
Remove      0 Package(s)

Total download size: 12 M
Is this ok [y/N]:                           #询问是否下载以上软件包，共12MB。
```

### 3. yum 命令

语法：yum [options] [command] [package ...]。

选项：-h：查看命令帮助。

　　　-y：安装过程提示选择全部为"yes"。

　　　-q：不显示安装过程。

[command]为需要执行的操作，一般是 install（安装）、update（升级）、remove（卸载）。比如删除 finch 软件包。

```
[root@localhost CentOS]# yum remove finch    #使用 remove 命令
Setting up Remove Process
base        100% |=========================| 1.1 kB    00:00
updates        100% |=========================| 1.9 kB    00:00
addons        100% |=========================| 1.9 kB    00:00
extras        100% |=========================| 2.1 kB    00:00
Resolving Dependencies
--> Running transaction check
---> Package finch.i386 0:2.6.6-32.el5 set to be erased
--> Finished Dependency Resolution

Dependencies Resolved
```

```
===============================================================
 Package          Arch        Version        Repository        Size
===============================================================
Removing:
 finch            i386        2.6.6-32.el5   installed         569 k

Transaction Summary
===============================================================
Install     0 Package(s)
Update      0 Package(s)
Remove      1 Package(s)

Is this ok [y/N]: #由于此软件没有被依赖，因此只需要删除此软件本身即可
```

📖 **案例分析与解决**

# 3.3　案例三　安装 RPM 应用程序

小杨需要在 Linux 操作系统中安装常用应用程序，如 QQ 和播放器。由于此类软件 CentOS 安装光盘并不提供，因此小杨从互联网上下载了相关的软件包，需要在 Linux 操作系统中使用 RPM 工具进行软件包的安装。

## 3.3.1　安装 Linux 版 QQ

### 1. 进入存放应用程序的目录

```
[root@localhost ~]# ls -l
总计 15020
-rw------- 1 root root   1159 2014-08-29 anaconda-ks.cfg
drwxr-xr-x 2 root root   4096 2014-12-23 Desktop
-rw-r--r-- 1 root root  32645 2014-08-29 install.log
-rw-r--r-- 1 root root   4947 2014-08-29 install.log.syslog
-rwxr--r--       1    root    root   5046743    2009-05-07
linuxqq-v1.0.2-beta1.i386.rpm
 drwxr-xr-x   13   root   root           4096   2014-12-23
phpBB3.0.4_zh_phpbbchina
 -rwxr--r--       1    root    root   3037571    2012-09-19
phpbb3.0.4_zh_phpbbchina(2).zip
 -rwxr--r--       1    root    root   4978611    2009-05-07
RealPlayer-8.0-1.i386.rpm
```

```
-rwxr--r--         1    root     root     2211327     2009-05-07
XFree86-libs-4.1.0-23.i386.rpm
```

### 2. 使用 rpm 命令安装 QQ

```
[root@localhost ~]# rpm -ivh linuxqq-v1.0.2-beta1.i386.rpm
Preparing...########################################### [100%]
   1:linuxqq ########################################### [100%]
```

### 3. 启动应用程序

由于此软件需要图形界面的支持，故需安装图形界面 Linux 操作系统，如图 3-4 所示。

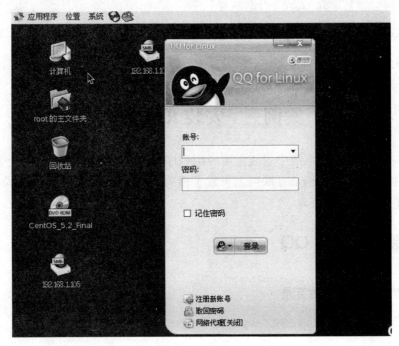

图 3-4　启动 QQ

## 3.3.2　安装 Linux 版 Realplayer

### 1. 解决依赖关系

安装 Realplayer 时出现依赖关系提示，需要首先解决依赖关系。

```
[root@localhost ~]# rpm -ivh Realplayer-8.0-1.i386.rpm
error: Failed dependencies:
       libXp.so.6 is needed by Realplayer-8.0-1.i386
```

可以看出，Realplayer 需要 libXp.so.6（库文件）的支持，此文件需要通过另一软件安装到 Linux 操作系统中，可以使用 rpm 查询命令来找到相对应的软件。

```
[root@localhost CentOS]# rpm -qpl libXp-1.0.0-8.1.el5.i386.rpm
/usr/lib/libXp.so.6
/usr/lib/libXp.so.6.2.0
/usr/share/doc/libXp-1.0.0
/usr/share/doc/libXp-1.0.0/AUTHORS
/usr/share/doc/libXp-1.0.0/COPYING
/usr/share/doc/libXp-1.0.0/ChangeLog
/usr/share/doc/libXp-1.0.0/INSTALL
/usr/share/doc/libXp-1.0.0/README
```

由此确定需要安装的软件为 libXp.so.6。

## 2. 依序安装软件

```
[root@localhost CentOS]# rpm -ivh libXp-1.0.0-8.1.el5.i386.rpm
Preparing...########################################### [100%]
   1:libXp   ########################################### [100%]
```

先安装被依赖软件，在安装 Realplayer 时会提示进行配置，如图 3-5 所示。

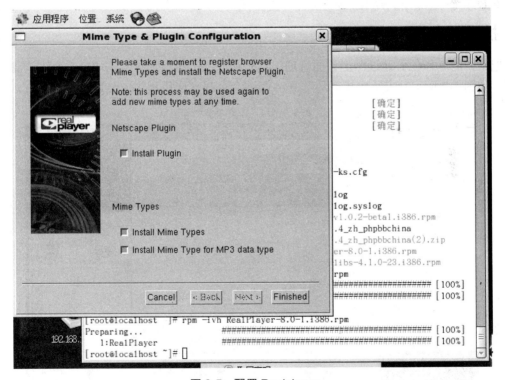

图 3-5　配置 Realplayer

配置成功后会自动启动 Realplayer 播放器，如图 3-6 所示。

图 3-6 启动 Realplayer 播放器

安装完毕！

## 📖 扩展任务

把小杨的工作任务通过图形界面管理工具实践一次，可以通过双击 RPM 软件包直接进行安装，如图 3-7 所示。安装完毕后通过 rpm 查询命令观察应用程序安装后的文件位置。

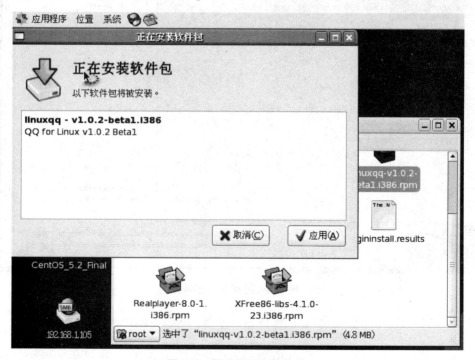

图 3-7 图形界面安装软件

## ● 小　结

本章主要讲解如何在 Linux 操作系统中安装 RPM 软件包。一般 RPM 软件包的获得途径是光盘和网络。直接下载的 RPM 软件包可能会有依赖关系，让用户非常头痛。可以采用 YUM 工具通过网络来解决依赖关系，省心省力。

## ● 习　题

1. 使用 rpm 查询命令配合 less 命令分页浏览系统中已经安装的所有软件包的列表。
2. 查询 ls 命令的命令文件属于系统中的哪个软件包。
3. 如何查询 util-linux 软件包安装了哪些文件？
4. 如何查询 mkdir 命令是由哪个 RPM 软件包安装的？
5. 安装 RPM 软件包时，-i、-U 选项有何区别？
6. 如何强制卸载被其他程序依赖的软件？
7. 安装、卸载软件时忽略依赖关系有什么坏处？

# 第 4 章

# 管理用户和组

前面的章节中提到 Linux 是一个真正意义上的多用户操作系统，它可以允许多个用户同时登录到不同的终端，结合文件和目录的权限设置，就可以为不同的用户和组分配不同的权限，从而满足企业对各职能部门员工权限的要求以及提升 Linux 系统安全。

📖 **学习目标**

- □ 了解用户与组相关配置文件
- □ 理解用户与组相关属性
- □ 掌握用户和组管理，熟练进行用户的添加、修改、删除。
- □ 掌握用户与组权限设置

📖 **相关知识**

## 4.1 Linux 用户账号管理

用户是开启 Linux 服务器管理的第一步，使用权限错误的用户去管理 Linux 系统，会出现权限拒绝的情况，使用高权限的用户去管理 Linux 系统又可能造成系统安全隐患，怎么做最合适？要先掌握用户和组的相关属性。

### 4.1.1 用户相关配置文件

用户相关配置文件有 passwd 文件和 shadow 文件。

#### 1. passwd 文件

/etc/passwd 文件中记载了用户的相关属性。大家都学习过 Windows 操作系统，知道 Windows 操作系统中可以创建多个用户，为不同的用户分配不同的权限，不仅可以保障用户的隐私，在一定程度上也保障了系统的安全。Linux 操作系统跟 Windows 操作系统一样，也采用类似的方式，但它比 Windows 操作系统更直接。Windows 操作系统是把用户保存在 SUM 数据库文件中，而 Linux 操作系统可以使用管理员权限看到所有用户的相关属性信息。Linux 操作系统通过一个文件来保存账户的相关信息，这个文件位于/etc 目录下，学好这个文件可以很方便、快速地修改用户的信息，而不用去记忆各种用户管理命令。在 passwd 文件中记录了每个用户名称、密码、UID、GID、用户全名、用户主目录、用户登录的 shell。

如图 4-1 所示，passwd 文件中每行记录一个用户，每个用户有 7 个属性，分别如下：

用户名称：登录时输入的用户名，如 root 用户。

密码：用户的密码保存在/etc/shadow 中。

UID：系统中用来唯一标识用户的数字，如 root 用户的 UID 为 0。

GID：系统中用来唯一标识用户主要组的数字，该数字对应/etc/group 文件系统中的 GID，如 root 用户的主要组 ID 也为 0。

用户全名：用户的描述信息，通常写入的是用户全名。

用户主目录：用户保存私有信息的目录，也是用户成功登录后的初始目录。通常是/home 目录下以该用户账号命名的目录。

用户登录的 shell：用户登录后所使用的 shell 类型（见第 7 章）。

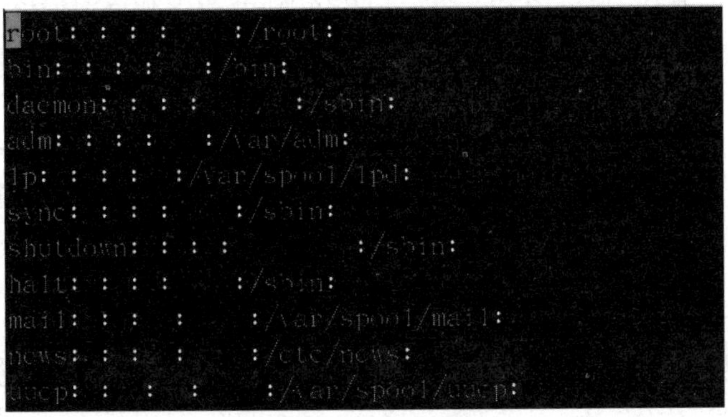

图 4-1　passwd 文件

（1）用户身份。UID（user identification）也叫用户身份证明。可以这样想，每个用户有两个名字，一个名字是人们认识的，也就是用户名，另一个名字是 Linux 系统认识的，也就是 UID。比如一个用户叫作 john，人们会记忆它的用户名 john，而系统会记忆它的 ID 号，比如 john 用户的 UID 是 511，系统会通过这个 UID 来识别它。可以通过以下操作进行验证：

```
[root@localhost john]# ll
total 0
-rw-rw-r-- 1 john john 0 Jan 14 00:37 favorite
```

上例中 favorite 这个文件的所有者是 john 用户，现在把 john 用户的 UID 号改为 600，再看看 favorite 文件的属性：

```
[root@localhost john]# ll
total 0
-rw-rw-r-- 1 511 john 0 Jan 14 00:37 favorite
```

现在 favorite 文件的所有者不再是 john 用户，而是变成了数字 511，这是由于 john 用户之前的 UID 是 511，也就是说一旦 UID 变了，系统就认为不是同一个用户，而 favorite 文件是 511 这个用户创建的，系统查找不到 511 用户对应的用户名，所以系统认为 favorite 文件属于 511 用户而不是 john 用户。因此，可以得出这样一个结论，系统把每个用户识别为一个 UID，而用户名是可以随时变化的。

（2）群体身份。GID（Group Identification）也叫群体身份证明。每个 Linux 的用户组都有一个唯一的 GID，跟 UID 一样，系统也是通过 GID 来识别每个用户组的。而每个用户在创建之初都会加入一个主要组，这个主要组的 ID 号会显示在 passwd 文件中。

（3）主目录。Linux 的用户主目录有点儿类似于 Windows 操作系统中的 C:\Documents and Settings 文件夹，每个用户登录后都会优先进入自己的主目录中。root 用户的主目录位于/root 目录，而普通用户的主目录默认位于/home 目录，比如 john 用户的主目录为/home/john。既然是主目录，那么它的权限和属主是特殊的。

```
[root@localhost home]# ll
total 33
drwx------ 4 alex     alex      1024 Dec 30 00:21 alex
drwx------ 4 bryan    bryan     1024 Dec 29 23:43 bryan
drwx------ 4 dax      dax       1024 Dec 30 00:21 dax
drwx------ 4 ed       ed        1024 Dec 29 23:44 ed
drwx------ 4 joshua   joshua    1024 Dec 29 23:43 joshua
drwx------ 4 manager  manager   1024 Dec 30 00:22 manager
drwx------ 9 student  student   4096 Jan 13 23:56 student
drwx------ 4 teacher  teacher   1024 Jan 13 23:53 teacher
drwx------ 4 zak      zak       1024 Dec 30 00:22 zak
```

上例中/home 目录中有很多用户的主目录，主目录的名称一般与用户名对应，用户只能操作自己的主目录，对他人的主目录没有任何权限。

注意：用户的主目录不一定要存在/home 目录中，也可以自己定义。安装 Linux 的时候是可以把/home 目录单独作为一个分区的，这也是为了保障用户的私有数据不会受到其他分区的影响。

### 2. shadow 文件

passwd 文件每一行的第二个部分都是一个 x，这就表示这个用户的密码是保存在/etc/shadow 文件中的，shadow 文件中每一行也代表一个用户，用冒号分割为 9 个部分，如图 4-2 所示，每个部分的含义如下：

用户名：用户登录名。

密码：用户加密后的密码。

最后一次修改密码的日期：从 1970 年 1 月 1 日起到上次修改密码所经过的天数。

密码的最小生存期：两次修改密码之间至少经过的天数。

密码的最大生存期：密码的最长使用期限，如果是 99999 则表示永不过期。

更换密码前警告的天数：密码失效前多少天内系统向用户发出警告。

账号不活跃的天数：警告期限之后的宽限时间。

账号过期日期：账号失效的日期，在规定日期之后将无法使用。

保留字段：暂未使用。

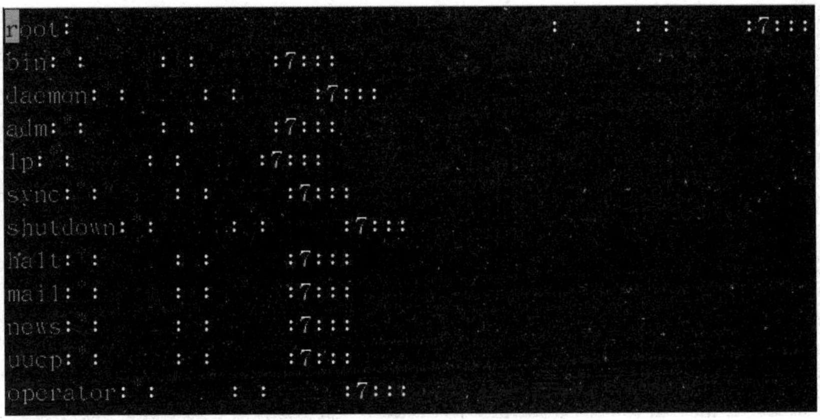

图 4-2　shadow 文件

## 4.1.2　查询用户账号

有人认为 Windows 操作系统是多任务、多用户的操作系统，其实 Windows 操作系统并不是真正意义上的多用户。多用户是指同时有多个用户登录系统，而 Windows 操作系统必须先注销当前用户，才能登录另一个用户。Linux 则可以同时登录多用户，通过不同的虚拟终端登录。可以说是一个真正意义上的多任务、多用户操作系统。

第 1 章中提到 Linux 可以通过<Ctrl+Alt+F1~F6>键打开 6 个字符界面虚拟终端，在不同的终端中登录不同的用户是可行的。首先熟悉查看用户的查看命令，观察多用户登录。

### 1. users 命令

users 命令可以显示登录到 Linux 系统的所有用户。

### 2. who 命令

who 命令主要用于查看当前在线用户情况，这个命令非常有用。如果用户想和其他用户建立即时通讯，比如使用 talk 命令，那么首先要确定的就是该用户确实在线上，否则 talk 进程就无法建立起来。再比如，系统管理员希望监视每个登录的用户此时此刻的所作所为，也要使用 who 命令。

### 3. w 命令

w 命令可以显示目前登录系统的用户信息。执行此命令可得知目前登录系统的用户有哪些，以及他们正在执行的程序。单独执行 w 命令会显示所有的用户，也可指定用户名称，仅显示某位用户的相关信息。

通过以上命令，查看当前系统同时登录的用户情况，如图 4-3 所示，当前在第一个虚拟控制台 tty1 登录了用户 root，tty2 登录了用户 student，tty3 登录了用户 teacher，确实实现了多用户同时登录。

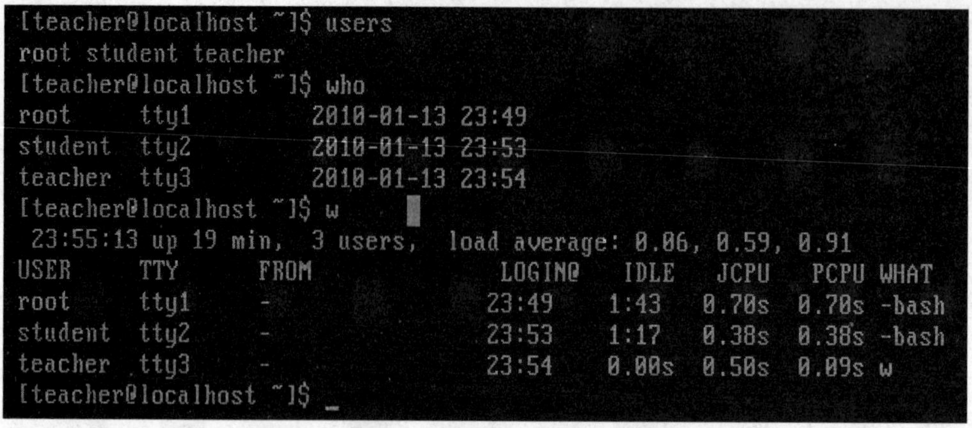

```
[teacher@localhost ~]$ users
root student teacher
[teacher@localhost ~]$ who
root      tty1      2010-01-13 23:49
student   tty2      2010-01-13 23:53
teacher   tty3      2010-01-13 23:54
[teacher@localhost ~]$ w
 23:55:13 up 19 min,  3 users,  load average: 0.06, 0.59, 0.91
USER      TTY      FROM            LOGIN@   IDLE    JCPU    PCPU WHAT
root      tty1     -               23:49    1:43    0.70s   0.70s -bash
student   tty2     -               23:53    1:17    0.38s   0.38s -bash
teacher   tty3     -               23:54    0.00s   0.50s   0.09s w
[teacher@localhost ~]$ _
```

图 4-3    查看同时登录的用户

## 4.2    Linux 用户组管理

### 4.2.1    用户与组的关系

在 Windows 操作系统中，新建用户 test，会发现 test 用户被加入 users 这个组中，也可以把 test 用户加入其他的组，如 Administrators 组。test 用户加入哪个组，它就具有哪个组的权限，这是权限的累加。而在 Linux 操作系统中创建一个用户的同时，会创建一个同名的组，当新建 test 用户时系统会默认新建 test 组，并且把 test 用户加入 test 组中，当然也可以不创建同名组，这要根据当前的需求来定。

```
[root@localhost ~]# useradd test
[root@localhost ~]# groups test
test : test
```

上例中 test 用户是加入 test 组中的。如果在创建用户的同时指定它加入哪个组，就可以不创建同名组了。

```
[root@localhost ~]# useradd -g sales test
[root@localhost ~]# groups test
test : sales
```

上例在创建 test 用户的同时加入了 sales 组，那么就不会创建 test 组了，这样做可以避免系统中用户组过多。创建组的主要目的是把具有相同权限的用户加入组中，那么就可以为不同的组赋予权限，而不用为每个用户赋予权限了。比如某公司有员工 100 人，但部门只有 5 个，那么创建 100 个用户和 5 个组就可以通过组来限制用户权限了。

### 4.2.2    用户组相关文件

跟用户一样，用户组也是保存在文件里面的，此文件位于/etc/group，里面每一行就是一个组，它分别记录了组的名称、密码、ID（GID）、成员列表。对文件中的行进行操作就是对组进行操作。

如图 4-4 所示，group 文件每一行同样代表一个组，每一行的记录都用冒号分割，一共有 4 个部分，分别代表以下含义：

组名：组的名称，如第一行的 root，这里的 root 指组而不指用户，此组是 root 用户的同名组。

密码：组的密码存放在/etc/gshadow 中。

GID：组的唯一标识，系统用它来识别一个组，如果 GID 相同，系统将认为这是同一个组。所以如果几个组使用同一个 GID，系统将认为这是同一个组，如 root 组的 GID 为 0。

组成员列表：有哪些用户将该组作为附属组，以及与主要组区别。如 wheel 组的成员为 root 用户，而 root 用户的主要组为 root 组，wheel 组只能作为附属组。

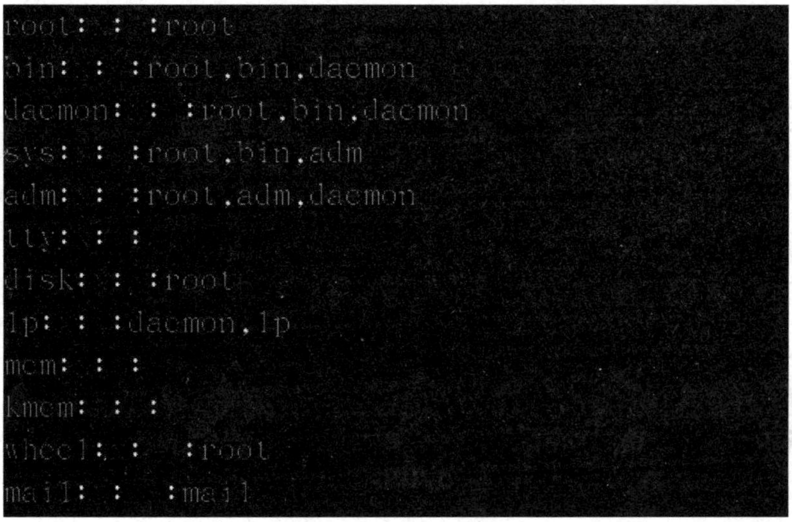

图 4-4　group 文件

## 4.2.3　查询用户组

先熟悉组的查看命令，注意观察命令的输出结果。

### 1. id 命令

id 命令用于显示用户当前的 UID，以及主要组和附属组的 GID。

### 2. groups 命令

groups 命令用于显示指定用户所属的组，如未指定用户则显示当前用户所属的组。

如图 4-5 所示，root 用户的主要组为 root 组，GID 为 0，root 用户还加入了 bin、daemon、sys、adm、disk、wheel 组，这些组都具备特别的权限，每个组的 GID 也能显示出来，显示在第一位的组为主要组，其余则为附属组。

```
[root@localhost ~]= id root
uid=0(root) gid=0(root) groups=0(root),1(bin),2(daemon),3(sys),4(
adm),6(disk),10(wheel)
[root@localhost ~]= groups root
root : root bin daemon sys adm disk wheel
[root@localhost ~]=
```

图 4-5　查看组

📖 **案例分析与解决**

# 4.3　案例四　规划用户与组

小杨作为 Linux 系统管理员进入公司后，发现各个部门在服务器上的权限混乱，导致服务器上重要文件得不到相应保护，如财务部的重要文件其他部门可以随意浏览。部门负责人多次提出疑问，小杨决定重新规划各部门的权限。第一步，小杨为公司的每个员工在服务器上建立了一个用户，用户名为员工的英文名，初始密码为 123456，主目录都保存在/home 目录中。第二步，小杨为公司的每个部门建立一个用户组，如销售部建立 sales 组，人事部建立 hr 组，再把第一步中建立的员工账号加入相应的组中。第三步，为每个部门设置一个共享目录，各部门的员工只能查看本部门目录中的文件，而不能查看其他部门的相关目录。以上要求需结合 SAMBA 服务器部分内容，本章只需要实现用户和组的权限设置，无须共享权限。

## 4.3.1　规划用户

### 1. 使用命令创建用户并设置密码

（1）useradd 命令：建立用户。

语法：useradd [选项] 用户名

选项：-c comment：描述新用户账号，通常为用户全名

　　　-d home_dir：设置用户主目录，默认值为用户的登录名，并放在/home 目录下。

　　　-e expire_date：账号过期日期，日期的指定格式为 MM/DD/YY。

　　　-g initial_groupgroup：设置用户主要组。

　　　-G groups：设置用户加入附属组，可以为多个组，用逗号隔开。

　　　-M：不建立用户组目录，其后可自定义用户组目录。

　　　-s shell：用户登录后使用的默认 shell 名称。默认为 bash shell。

　　　-u uid：用户的 UID 值，必须为唯一的 ID 值。

小杨根据以上命令为每个员工创建了用户。

```
[root@localhost ~]# useradd joshua
[root@localhost ~]# useradd alex
[root@localhost ~]# useradd dax
```

```
[root@localhost ~]# useradd bryan
[root@localhost ~]# useradd zak
[root@localhost ~]# useradd ed
[root@localhost ~]# useradd manager
```

（2）passwd 命令：可设置用户密码。

语法：passwd [选项] 账户名称

选项：-l：锁定用户，只有管理员方可使用。

　　　-u：解锁用户，只有管理员方可使用。

小杨为每个用户分配了一个初始密码。

```
[root@localhost ~]# passwd alex              #为 alex 用户设置密码
Changing password for user alex.            #会提示为哪个用户设置密码
New UNIX password:                          #在这里输入密码
BAD PASSWORD: it is based on a dictionary word  #如果密码太简单会提示
Retype new UNIX password:                    #确认一遍密码
passwd: all authentication tokens updated successfully.    #密码设置
```
成功

后略。

### 2. 修改用户属性

usermod 命令：修改用户账号相关信息，此命令选项基本与 useradd 一致。

语法：usermod [选项]用户账号

选项：-c：修改用户账号的备注文字。

　　　-d：修改用户登录时的目录。

　　　-e：修改用户账号的有效期限。

　　　-f：修改在密码过期后多少天关闭该账号。

　　　-g：修改用户所属的组。

　　　-G：修改用户所属的附属组。

　　　-l：修改用户账号名称。

　　　-L：锁定用户账号密码，使密码无效。

　　　-s：修改用户登录后所使用的 shell。

　　　-u：修改用户 UID。

　　　-U：解除用户密码锁定。

小杨为所有用户设置账号过期时间，保障用户账号安全。

```
[root@localhost ~]# usermod -e 12/30/2015 alex
[root@localhost ~]# usermod -e 12/30/2015 joshua
```
后略。

### 3. 配置文件添加用户并修改用户属性

创建用户和修改用户的操作也可以直接通过 passwd 文件来实现，使用命令创建修改用户同样是改写 passwd 文件。

```
alex:x:505:505::/home/alex:/bin/bash
joshua:x:506:509::/home/joshua:/bin/bash
dax:x:507:510::/home/dax:/bin/bash
bryan:x:508:511::/home/bryan:/bin/bash
dax:x:507:510::/home/dax:/bin/bash
bryan:x:508:511::/home/bryan:/bin/bash
zak:x:509:512::/home/zak:/bin/bash
ed:x:510:513::/home/ed:/bin/bash
manager:x:511:514::/home/manager:/bin/bash
```

通过这种方式也可以添加用户,注意做好 passwd 文件的备份。一旦 passwd 文件编辑有误或丢失,将会造成用户无法登录。

**注意:**passwd 文件可以创建用户,但无法创建用户的主目录,用户登录时会有报错信息,所以需要手工创建用户主目录,设置权限和属主,并且复制模板文件。

## 4.3.2  规划组

### 1. 使用命令创建组

(1) groupadd 命令:创建用户组。

语法: groupadd [选项]组名

选项: -g:gid 指定组 UID 号。

　　　 -r:建立系统组,一般 UID 号小于 500。

(2) groupmod 命令:修改组信息。

语法: groupadd [选项]组名

选项: -g: gid 修改组的 UID。

　　　 -n: group_name 修改组名。

小杨为每个部门新建组:

```
[root@localhost ~]# groupadd sales
[root@localhost ~]# groupadd hr
[root@localhost ~]# groupadd web
```

小杨把各部门员工账号加入对应的组,如 joshua 和 alex 加入 sales 组,dax 和 bryan 加入 hr 组,zak 和 ed 加入 web 组,因为 manager 用户是总经理,不受部门的限制,所以 manager 账户要加入所有的组。

```
[root@localhost ~]# usermod -G sales joshua
[root@localhost ~]# usermod -G sales alex
[root@localhost ~]# usermod -G hr dax
[root@localhost ~]# usermod -G hr bryan
```

```
[root@localhost ~]# usermod -G web zak
[root@localhost ~]# usermod -G web ed
[root@localhost ~]# usermod -G sales,hr,web manager
[root@localhost ~]# groups manager
manager : manager sales hr web
```

### 2. 使用配置文件创建组

把用户加入组不仅可以通过命令实现，直接修改/etc/group 文件同样可行，注意做好配置文件的备份。比如小杨新建的 3 个组 sales、hr、web，可以直接编辑/etc/group 文件，写入以下信息：

```
sales:x:506:joshua,alex,manager
hr:x:507:dax,bryan,manager
web:x:508:zak,ed,manager
```

**注意：**系统的配置文件编写错误会造成登录环境不正常，丢失之后甚至无法登录系统。如果不小心配置错误，可以在/etc 目录下查找备份的配置文件。

## 4.3.3 规划权限

### 1. 设置目录结构

小杨为每个部门设置了一个专用目录，以后各部门的重要文件都存放在这个目录中，只有本部门的员工才能进行读取、写入操作。

```
[root@localhost ~]# mkdir -p /depts/sales
[root@localhost ~]# mkdir  /depts/hr
[root@localhost ~]# mkdir  /depts/web
[root@localhost ~]# cd /depts
[root@localhost depts]# ll
total 12
drwxr-xr-x 2 root root 4096 Jan 14 11:06 hr
drwxr-xr-x 2 root root 4096 Jan 14 11:06 sales
drwxr-xr-x 2 root root 4096 Jan 14 11:06 web
```

### 2. 设置属组

上例中 sales、hr、web 目录属于 root 用户和 root 组所有，需要把每个目录所属的组改为相应的部门组 sales、hr、web。

```
[root@localhost depts]# chown .sales sales
[root@localhost depts]# chown .hr  hr
[root@localhost depts]# chown .web web
```

```
[root@localhost depts]# ll
total 12
drwxr-xr-x 2 root hr     4096 Jan 14 11:06 hr
drwxr-xr-x 2 root sales 4096 Jan 14 11:06 sales
drwxr-xr-x 2 root web    4096 Jan 14 11:06 web
```

### 3. 设置各组权限

修改每个目录的权限为对用户可读取、可写入、可执行，对组可读取、可写入、可执行，对其他人没有任何权限，把权限换算成数字770。

```
[root@localhost depts]# chmod 770 sales
[root@localhost depts]# chmod 770 hr
[root@localhost depts]# chmod 770 web
```

### 4. 验证权限

现在各部门的用户都只能查看到自己部门的文件，但有一个用户除外，manager用户可以查看任何一个部门的文件。

```
login as: alex
alex@172.16.101.2's password:
[alex@localhost ~]$ cd /depts/hr
-bash: cd: /depts/hr: Permission denied
[alex@localhost ~]$ cd /depts/web
-bash: cd: /depts/web: Permission denied
[alex@localhost ~]$ cd /depts/sales
[alex@localhost sales]$ touch secret
[alex@localhost sales]$ ll
total 0
-rw-rw-r-- 1 alex alex 0 Jan 14 11:26 secret
```

alex用户登录后可以进入sales目录，并且可以建立文件，但无法进入其他部门的目录，提示没有权限。

```
login as: manager
manager@172.16.101.2's password:
[manager@localhost sales]$ cd /depts/hr
[manager@localhost hr]$ cd /depts/web
[manager@localhost web]$ cd /depts/sales
[manager@localhost sales]$ ll
total 0
-rw-rw-r-- 1 alex alex 0 Jan 14 11:26 secret
```

总经理使用manager用户登录，可以进入任何部门的目录中查看相关内容。

## 扩展任务

把小杨的工作任务通过图形界面管理工具实践一次，并观察用户和组配置文件的变化情况。图形界面管理工具可以依次打开"系统菜单—管理—用户和群组"，如图 4-6 所示，此操作仅限于 RHEL5 操作系统。

图 4-6　用户和组管理工具

## 小　结

本章主要结合企业对权限的需求规划用户和组，一般情况下可以采取计算机账户等于员工，计算机组等于部门，不同的文件和目录可以对不同的部门设置不同的权限，比如财务部的员工对自己部门的相关目录有修改的权限，而对销售部的相关目录只有读取的权限，对工程部的相关目录没有任何权限。主要是根据企业的具体需求来定制，当然还要结合后面的文件服务器的相关内容来实现网络访问，本章只讨论了文件和目录的权限，而没有涉及共享权限。学习文件服务器之后再结合用户和组权限实现更精确的权限控制。

## 习　题

1. 用户管理

（1）新建一个 user1 用户，UID、GID、主目录均默认。

（2）新建一个 user2 用户，UID=705，其余按默认。

（3）新建一个 user3 用户，默认主目录为/abc，其余默认，通过 passwd 文件观察这三个用户的信息有什么不同。

（4）分别为以上三个用户设置密码为 123456。

（5）把 user1 用户改名为 u1，UID 改为 800，主目录为/user1。

（6）把 root 用户名改名为 admin，密码改为 123456。

（7）把 u1 用户锁定，在不同的终端 tty2 和 tty3 分别登录 user2 与 u1，观察有什么现象。

2．组管理

（1）建立一个组 group1，GID=705。

（2）建立一个组 group2，选项为默认，观察 group 文件的信息有什么变化。

（3）新建用户 ab、cd，再新建一个组 group3，把 root、u1、user2 用户添加到 group1 组中，把 ab、cd 添加到 group2 组。

（4）把 group3 组改名为 g3，GID=900。

（5）查看 user2 所属的组，并把 user2 从 group1 组中退出。

（6）删除 user1 组与 g3 组，观察有什么情况发生。

# 第 5 章

# 管理磁盘和文件系统

当为计算机购买一块新的硬盘的时候，怎样做才可以最终把文件存储到新的硬盘上？Linux 操作系统是否可以正常读取 U 盘中的内容？在双系统环境下 Linux 是否可以读取 Windows 的 FAT32 或 NTFS 分区？怎样修改 Linux 分区的文件系统？这些问题在本章都可以得到解答。

## 📖 学习目标

- □ 了解 Linux 操作系统支持的文件系统
- □ 理解 Linux 操作系统的分区结构
- □ 掌握 fdisk 分区工具
- □ 掌握磁盘配额的配置管理

## 📖 相关知识

## 5.1 管理磁盘和文件系统

管理磁盘作为 Linux 服务器日常管理的重点之一，不论是系统文件还是数据文件都是存放在磁盘分区中的，稍有不慎，可能会造成无法挽回的数据丢失，给企业造成重大损失。

### 5.1.1 管理磁盘及分区

#### 1. 磁盘与分区识别

磁盘，现多指硬盘，是计算机上用来存储数据的主要设备，硬盘需要进行分区格式化才能够存储数据。Linux 操作系统与 Windows 操作系统一样，可以把磁盘作为基本磁盘管理，那么一块基本磁盘最多可以有 4 个主分区或 3 个以内主分区加一个扩展分区。由于 Linux 操作系统都是文件的特性，所以磁盘与分区也作为文件来管理，如图 5-1 所示。

```
[root@localhost ~]# fdisk -l

Disk /dev/sda: 8389 MB, 8589934592 bytes
255 heads, 63 sectors/track, 1044 cylinders
Units = cylinders of 16065 * 512 = 8225280 bytes

   Device Boot      Start         End      Blocks   Id  System
/dev/sda1   *           1         853     6851691   83  Linux
/dev/sda2             854         980     1020127+  82  Linux swap
/dev/sda3             981        1044      514080   83  Linux

Disk /dev/sdb: 1073 MB, 1073741824 bytes
255 heads, 63 sectors/track, 130 cylinders
Units = cylinders of 16065 * 512 = 8225280 bytes

   Device Boot      Start         End      Blocks   Id  System
/dev/sdb1               1         130     1044193+  83  Linux
```

图5-1　查看分区信息

　　/dev 目录中保存设备文件，硬盘作为计算机的主要存储设备其文件自然也存放在此目录下。如图 5-1 所示，/dev/sda 表示第一块 SCSI 硬盘，/dev/sdb 表示第二块 SCSI 硬盘，以此类推。对第一块 SCSI 硬盘进行分区产生了 sda1、sda2、sda3，分别为第一个主分区、第二个主分区、第三个主分区。对第二块 SCSI 硬盘进行分区产生了 sdb1，为第二块 SCSI 硬盘的第一个主分区。如图 5-2 所示，详细地说明了 Linux 操作系统的分区文件命名方式。

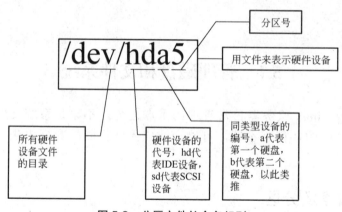

图5-2　分区文件的命名规则

　　思考：假设在第二块 SATA 硬盘上划分两个主分区、一个扩展分区，扩展分区上划分 3 个逻辑分区，在 Linux 上是怎么表示的呢？

### 2. 常用的 Linux 分区

　　假如有一块 500GB 的硬盘，除了划分必要的 swap 分区和根分区以外，还应该划分哪些分区比较恰当？这就需要对 Linux 操作系统的目录结构进行分析，Linux 操作系统的目录结构为倒树形，顶部为根，写作"/"，用"/"分割每一层目录。安装之初，会自动建立一系列目录在根目录下，这些目录就可以作为单独的分区来使用。

/home：存放个人用户主目录，由于每个用户的主目录被存放在此（类似于 Windows 操作系统的 Document and setting 文件夹），因此每个用户的数据默认在此目录存储，此目录占用的磁盘空间会越来越大。可把此目录作为一个分区的挂载点，那么此目录中的所有数据就会占用单独分区的空间。

/boot：存放启动系统过程中所要用到的文件，如果把/boot 作为单独的分区，即使主要的根分区出现了问题，计算机依然能够启动。这个分区的大小在 50~100MB。

/usr：存放安装软件的目录，比如自行安装的 QQ、Flashget 等软件就存放在此目录中，因此应尽量给它最大空间。

/var：存放系统变化频繁的数据，比如日志文件。如果划分了这一单独的分区，即使系统的日志文件出现了问题，它们也不会影响到操作系统分区。

除以上目录可以划分单独的分区以外，也可以根据 Linux 服务器的用途来划分分区，甚至可以建立自己的分区，比如建立一个/baidu 的分区。

由此可知，Linux 的分区需要有一个挂载点，此挂载点可以是任一目录，挂载之前最好不要存放任何文件。如图 5-3 所示，当前 Linux 操作系统划分了根分区、home 分区、data 分区，一般可以使用挂载点来称呼分区。

```
[root@localhost ~]# df
文件系统              1K-块        已用      可用 已用% 挂载点
/dev/sda1           6637072    2625336   3668932  42% /
/dev/sda3            497861      11028    461129   3% /home
tmpfs                257744          0    257744   0% /dev/shm
/dev/sdb1           1027768     973628         0 100% /data
/dev/hdc            3926368    3926368         0 100% /media/CentOS_5.2_Fina
```

图 5-3 分区的挂载点

### 3. 获取新的分区

在 Linux 操作系统中可以通过 fdisk 命令进行分区。

fdisk 命令的常用格式是：

（1）fdisk 硬盘设备名。进入 fdisk 的交互操作方式，对指定的硬盘进行分区操作。

（2）fdisk-l 硬盘设备名。在命令行方式下显示指定硬盘的分区表信息。

在 fdisk 的交互操作方式下可以使用若干子命令说明：

a：调整硬盘的启动分区。

d：删除一个硬盘分区。

l：列出所有支持的分区类型。

m：列出所有命令。

n：创建一个新的分区。

p：列出硬盘分区表。

q：退出 fdisk，不保存更改。

t：更改分区类型。

u：切换所显示的分区大小的单位。

w：把设置写入硬盘分区表，然后退出。

例如，现需要对第二块 SCSI 硬盘进行分区，详细步骤如下：

```
[root@localhost ~]# fdisk /dev/sdb # 对系统中第二块 SCSI 接口的硬盘进行
分区
Command (m for help)：n # 创建新的分区
Command action
e extended
p primary partition (1-4)
p # 键入 p 创建主分区
Partition number (1-4)：1 # 输入分区编号1
First cylinder (1-522, default 1)： # 直接回车，从硬盘起始柱面创建分区
Using default value 1
Last cylinder or +size or +sizeM or +sizeK (1-522, default 522)：
# 直接回车，分区大小截至最后一个柱面
Using default value 522
Command (m for help)：p # 显示当前分区表
Disk /dev/sdb: 4294 MB, 4294967296 bytes
255 heads, 63 sectors/track, 522 cylinders
Units = cylinders of 16065 * 512 = 8225280 bytes
Device Boot Start End Blocks Id System
/dev/sdb1 1 522 4192933+ 83 Linux

Command (m for help)：d # 删除已经存在的分区
Selected partition 1
# 由于当前只有一个分区，所以没有被删除分区的编号提示选择，直接将此分区删除
# 若当前存在多个分区，将出现分区的编号提示选择
Command (m for help)：p # 显示当前分区表，分区已经被删除
Disk /dev/sdb: 4294 MB, 4294967296 bytes
255 heads, 63 sectors/track, 522 cylinders
Units = cylinders of 16065 * 512 = 8225280 bytes
Device Boot Start End Blocks Id System
Command (m for help)：n # 创建大小为 500MB 的 1 号主分区
Command action
e extended
p primary partition (1-4)
p
Partition number (1-4)：1
First cylinder (1-522, default 1)：
```

```
Using default value 1
Last cylinder or +size or +sizeM or +sizeK (1-522, default 522)：+500M
Command (m for help)：n  # 对所有磁盘剩余空间创建编号为 2 的扩展分区
Command action
e extended
p primary partition (1-4)
e
Partition number (1-4)：2
First cylinder (63-522, default 63)：
Using default value 63
Last cylinder or +size or +sizeM or +sizeK (63-522, default 522)：
Using default value 522
Command (m for help)：n  # 创建大小为 400MB 的逻辑分区
Command action
l logical (5 or over)
p primary partition (1-4)
l
First cylinder (63-522, default 63)：
Using default value 63
Last cylinder or +size or +sizeM or +sizeK (63-522, default 522)：+400M
Command (m for help)：n  # 创建大小为 256MB 的逻辑分区
Command action
l logical (5 or over)
p primary partition (1-4)
l
First cylinder (113-522, default 113)：
Using default value 113
Last cylinder or +size or +sizeM or +sizeK (113-522, default 522)：+256M
Command (m for help)：p  # 显示当前分区表
Disk /dev/sdb: 4294 MB, 4294967296 bytes
255 heads, 63 sectors/track, 522 cylinders
Units = cylinders of 16065 * 512 = 8225280 bytes
Device Boot Start End Blocks Id System
/dev/sdb1 1 62 497983+ 83 Linux
/dev/sdb2 63 522 3694950 5 Extended
/dev/sdb5 63 112 401593+ 83 Linux
/dev/sdb6 113 144 257008+ 83 Linux
Command (m for help)：t  # 将 5 号分区更改为 FAT32 类型
Partition number (1-6)：5
```

```
Hex code (type L to list codes): C
Changed system type of partition 5 to c (Win95 FAT32 (LBA))
Command (m for help): t # 将 6 号分区更改为 swap 类型
Partition number (1-6): 6
Hex code (type L to list codes): 82
Changed system type of partition 6 to 82 (Linux swap)
Command (m for help): p # 显示当前分区表，类型已经更改
Disk /dev/sdb: 4294 MB, 4294967296 bytes
255 heads, 63 sectors/track, 522 cylinders
Units = cylinders of 16065 * 512 = 8225280 bytes
Device Boot Start End Blocks Id System
/dev/sdb1 1 62 497983+ 83 Linux
/dev/sdb2 63 522 3694950 5 Extended
/dev/sdb5 63 112 401593+ c Win95 FAT32 (LBA)
/dev/sdb6 113 144 257008+ 82 Linux swap
Command (m for help): w # 将当前的分区设置保存，并退出 fdisk
The partition table has been altered!
Calling ioctl() to re-read partition table.
WARNING: Re-reading the partition table failed with error 16: Device
or resource busy.
The kernel still uses the old table.
The new table will be used at the next reboot.
WARNING: If you have created or modified any DOS 6.x
partitions, please see the fdisk manual page for additional
information.
Syncing disks.

[root@localhost ~]# fdisk -l /dev/sdb # 在非交互状态下显示当前的分区表
信息
Disk /dev/sdb: 4294 MB, 4294967296 bytes
255 heads, 63 sectors/track, 522 cylinders
Units = cylinders of 16065 * 512 = 8225280 bytes
Device Boot Start End Blocks Id System
/dev/sdb1 1 62 497983+ 83 Linux
/dev/sdb2 63 522 3694950 5 Extended
/dev/sdb5 63 112 401593+ c Win95 FAT32 (LBA)
/dev/sdb6 113 144 257008+ 82 Linux swap
```

## 5.1.2　管理文件系统

文件系统是操作系统用于明确存储设备（常见的是磁盘，也有基于 NAND Flash 的固态硬盘）或分区上的文件的方法和数据结构，即在存储设备上组织文件的方法。不同的操作系统的文件系统也不尽相同。Linux 操作系统可以支持十多种文件系统类型，比如 Btrfs、JFS、ReiserFS、ext、ext2、ext3、ext4、ISO9660、XFS、Minx、MSDOS、UMSDOS、VFAT、NTFS、HPFS、NFS、SMB、SysV、PROC 等。这就说明 Linux 操作系统可以支持 FAT 和 NTFS 文件系统，那么在 Linux 系统中就可以读写 Windows 的 FAT 分区或 NTFS 分区。

### 1. Linux 常用文件系统

虽然 Linux 操作系统支持多种文件系统，但常用的是 ext 系列文件系统。ext 文件系统也在进行着更新换代，从最早的 ext 到现在的 ext4 文件系统。每一代的 ext 文件系统都对上一代进行了相应的扩展。本章主要使用 ext3 文件系统，如图 5-4 所示的分区已格式化为 ext3 文件系统。

```
Filesystem      Type    Size   Used  Avail  Use% Mounted on
/dev/sda1       ext3    6.3G   2.9G   3.2G   48% /
/dev/sda3       ext3    487M    11M   451M    3% /home
tmpfs           tmpfs   252M      0   252M    0% /dev/shm
/dev/hdc        iso9660 3.8G   3.8G      0  100% /media/CentOS_5.2_Final
```

图 5-4　ext3 文件系统

ext3 文件系统是 ext 系列第三代扩展文件系统，目前 ext3 文件系统已经非常稳定可靠，它完全兼容 ext2 文件系统。用户可以平滑地过渡到一个日志功能健全的文件系统中来，这实际上了也是 ext3 日志文件系统初始设计的初衷。ext3 文件系统具备以下特点：

（1）高可用性。Linux 操作系统使用了 ext3 文件系统后，即使在非正常关机后，系统也不需要检查文件系统。宕机发生后，恢复 ext3 文件系统的时间只要数十秒钟。

（2）数据的完整性。ext3 文件系统能够极大地提高文件系统的完整性，避免了意外宕机对文件系统的破坏。在保证数据完整性方面，ext3 文件系统有两种模式可供选择。其中之一就是"同时保持文件系统及数据的一致性"模式。采用这种方式，用户永远不会看到由于非正常关机而存储在磁盘上的垃圾文件。

（3）文件系统的速度。尽管使用 ext3 文件系统，有时在存储数据时可能要多次写数据，但是，从总体上来看，ext3 比 ext2 的性能还要好一些。这是因为 ext3 的日志功能对磁盘的驱动器读写头进行了优化。所以，文件系统的读写性能较 ext2 文件系统来说，性能并没有降低。

（4）数据转换。由 ext2 文件系统转换成 ext3 文件系统非常容易，只要简单地键入两条命令即可完成整个转换过程，用户不用花时间备份、恢复、格式化分区等。ext3 文件系统提供的小工具 tune2fs，可以将 ext2 文件系统轻松转换为 ext3 日志文件系统。另外，ext3 文件系统可以不经任何更改，而直接加载成为 ext2 文件系统。

（5）多种日志模式。ext3 有多种日志模式，一种日志模式是对所有的文件数据及 metadata（主要描述数据属性）进行日志记录，另一种日志模式则是只对 metadata 记录日志，而不对数据进行日志记录。系统管理人员可以根据系统的实际工作要求，在系统的工作速度与文件数据的一致性之间做出选择。

### 2. 获取 ext3 文件系统

在 Linux 操作系统中可以使用 mkfs 命令格式化分区获得 ext3 文件系统。

mkfs：格式化磁盘。

语法：mkfs [-V] [-t fstype] [fs-options] filesys [blocks] [-L Lable] device。

功能：在特定的分区上建立 Linux 文件系统。

选项与参数：

device：预备检查的硬盘分区，例如/dev/sda1。

-V: 详细显示模式。

-t: 指定文件系统的类型，例如 ext3。

-c: 检查该分区是否有坏道。

-L: 建立 lable（卷标）。

**补充说明**：mkfs 本身并不执行建立文件系统的工作，而是去调用相关的程序来执行。例如，若在 "-t" 选项后指定 ext2，则 mkfs 会调用 mke2fs 来建立文件系统。

例如，把前面划分的分区格式化为 ext3 文件系统，步骤如下：

```
[root@localhost ~]# mkfs -t ext3 /dev/sdb1
mke2fs 1.39 (29-May-2006)
Filesystem label=
OS type: Linux
Block size=1024 (log=0)
Fragment size=1024 (log=0)
124928 inodes, 497980 blocks
24899 blocks (5.00%) reserved for the super user
First data block=1
Maximum filesystem blocks=67633152
61 block groups
8192 blocks per group, 8192 fragments per group
2048 inodes per group
Superblock backups stored on blocks:
        8193, 24577, 40961, 57345, 73729, 204801, 221185, 401409

Writing inode tables: done
Creating journal (8192 blocks): done
Writing superblocks and filesystem accounting information: done
```

```
This filesystem will be automatically checked every 28 mounts or
180 days, whichever comes first.  Use tune2fs -c or -i to override.

[root@localhost ~]# mkfs -t ext3 /dev/sdb5
```
#由于篇幅过长，中间输出省略。
```
This filesystem will be automatically checked every 22 mounts or
180 days, whichever comes first.  Use tune2fs -c or -i to override.

[root@localhost ~]# mkfs -t ext3 /dev/sdb6
```
#由于篇幅过长，中间输出省略。
```
This filesystem will be automatically checked every 38 mounts or
180 days, whichever comes first.  Use tune2fs -c or -i to override.
```

**思考**：为什么不能把 sdb2 格式化为 ext3 文件系统？

### 3. 挂载文件系统

划分分区并格式化以后，并不可以直接使用此分区存储数据，还需要挂载文件系统。在 Windows 操作系统中，挂载通常是指给磁盘分区分配一个盘符。在 Linux 操作系统中，挂载是指将一个设备（通常是存储设备）挂接到一个已存在的目录上。这个目录可以不为空，但挂载后这个目录下的以前的内容将不可用。用户要访问存储设备中的文件或在存储设备中写入文件，必须将该分区挂载到一个已存在的目录上，然后通过访问这个目录来访问存储设备。

Linux 操作系统常用 mount 命令挂载文件系统。

mount：挂载文件系统。

语法：mount [-t vfstype] [-o options] device dir 。

选项与参数：-t vfstype：指定文件系统的类型，通常不必指定，mount 会自动选择正确的类型。

常用文件系统类型有：

光盘或光盘镜像：ISO9660。

DOS fat16 文件系统：msdos。

Windows 9x fat32 文件系统：vfat。

Windows NT ntfs 文件系统：ntfs。

Mount Windows 文件网络共享：smbfs。

UNIX(Linux) 文件网络共享：nfs。

-o options：主要用来描述设备或档案的挂接方式。

常用的参数有：

loop：用来把一个文件当成硬盘分区挂接上系统。

ro：采用只读方式挂接设备。

rw：采用读写方式挂接设备。

iocharset：指定访问文件系统所用字符集。

-a：卸除/etc/mtab 中记录的所有文件系统。

-h：显示帮助。

-n：卸除时不要将信息存入/etc/mtab 文件中。

-r：若无法成功卸除，则尝试以只读的方式重新挂入文件系统。

-v：执行时显示详细的信息。

-V：显示版本信息。

例如，把前面建立的分区分别挂载到/hard1、/hard2、/hard3 目录。步骤如下：

```
[root@localhost ~]# mount /dev/sdb1 /hard1
[root@localhost ~]# mount /dev/sdb5 /hard2
[root@localhost ~]# mount /dev/sdb6 /hard3
[root@localhost ~]# df
```

| 文件系统 | 1K-块 | 已用 | 可用 | 已用% | 挂载点 |
| --- | --- | --- | --- | --- | --- |
| /dev/sda1 | 6605792 | 2969896 | 3294920 | 48% | / |
| /dev/sda3 | 497861 | 10554 | 461603 | 3% | /home |
| tmpfs | 257744 | 0 | 257744 | 0% | /dev/shm |
| /dev/hdc | 3926368 | 926368 | 0 | 100% | /media/CentOS_5.2_Final |
| /dev/sdb1 | 482214 | 10544 | 446771 | 3% | /hard1 |
| /dev/sdb5 | 194442 | 5664 | 178739 | 4% | /hard2 |
| /dev/sdb6 | 194442 | 5664 | 178739 | 4% | /hard3 |

## 5.1.3 磁盘配额

磁盘配额可以限制指定账户能够使用的磁盘空间，这样可以避免因某个用户过度的使用磁盘空间造成其他用户无法正常工作甚至影响系统运行。在服务器管理中此功能非常重要，但对单机用户来说意义不大。

Linux 发行版操作系统常常使用 quota 来对用户进行磁盘配额的管理。quota 可以限制用户和组在分区上占用的空间大小和拥有的文件数量。在设置磁盘配额之前，需要先了解 quota 磁盘配额的几个基本概念。

软限制（soft）：一个用户在文件系统可拥有的最大磁盘空间和最多文件数量，在某个宽限期内可以暂时超过这个限制。

硬限制（hard）：一个用户可拥有的磁盘空间或文件的绝对数量，绝对不允许超过这个限制。

宽限时间（grace time）：在此时间内如果不将磁盘占用量降低到 soft 以下，那么磁盘限量将变成 soft 的限制值，磁盘使用权就会被锁住而无法新建文件了。

设置磁盘配额一般可以使用相应的 quota 命令完成，例如现需对/home 分区设置磁盘配额，步骤如下：

（1）修改/etc/fstab 文件。在对应分区的挂载选项后加入相应的配额选项，如图 5-5 所示。

图 5-5　修改/etc/fstab 文件

（2）重新挂载/home 分区。需要重新挂载分区才能让前面修改的选项生效。

[root@localhost ~]# mount -o remount /home

（3）创建配额文件。需要为用户和组创建保存配额项的文件。

[root@localhost ~]# quotacheck -cmug /home

[root@localhost ~]# cd /home

[root@localhost home]# ls

aquota.group aquota.user lost+found user1

其中的 aquota.group、aquota.user 分别为组和用户的配额文件。

（4）在相应的分区上开启配额功能。

[root@localhost ~]# quotaon /home

如需关闭配额功能可使用 quotaoff 命令。

（5）编辑用户或组的配额。为用户和组设置配额，包括对空间和文件数的限制。

[root@localhost ~]# edquota -u user1 　　#编辑用户 user1 的配额

[root@localhost ~]# edquota -g group1 　　#编辑组 group1 的配额

执行上述命令会通过编辑器打开用户的临时配额文件进行修改，如图 5-6 所示。

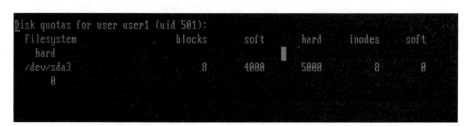

图 5-6　编辑磁盘配额

## 📖 案例分析与解决

## 5.2　案例五　规划服务器磁盘空间

Linux 系统管理员小杨发现服务器上的存储空间近期大幅度缩减，查询后才知有的用户上传高清视频到服务器中，占用大量的存储空间，影响其他用户存储重要文件。小杨决定对服务器的磁盘空间进行限制，因此划分了两个单独的分区存储用户数据，并对这两个分区做好了规划，规定普通用户可以使用 100MB 的存储空间，经理可以使用 200MB 的存储空间。

## 5.2.1 规划磁盘分区

### 1. 使用 fdisk 分区

首先服务器划分两个单独的分区。

```
[root@localhost ~]# fdisk /dev/sdb

Command (m for help): n
Command action
   e   extended
   p   primary partition (1-4)
p
Partition number (1-4): 1
First cylinder (1-130, default 1):
Using default value 1
Last cylinder or +size or +sizeM or +sizeK (1-130, default 130): +500m

Command (m for help): n
Command action
   e   extended
   p   primary partition (1-4)
p
Partition number (1-4): 2
First cylinder (63-130, default 63):
Using default value 63
Last cylinder or +size or +sizeM or +sizeK (63-130, default 130): +500m

Command (m for help): w
The partition table has been altered!

Calling ioctl() to re-read partition table.
Syncing disks.
```

### 2. 格式化并挂载分区

格式化分区为 ext 3 文件系统，并挂载到/soft 与/data 目录下。

```
[root@localhost ~]# mkfs -t ext3 /dev/sdb1
mke2fs 1.39 (29-May-2006)
Filesystem label=
OS type: Linux
Block size=1024 (log=0)
Fragment size=1024 (log=0)
124928 inodes, 497980 blocks
24899 blocks (5.00%) reserved for the super user
First data block=1
Maximum filesystem blocks=67633152
61 block groups
8192 blocks per group, 8192 fragments per group
2048 inodes per group
Superblock backups stored on blocks:
        8193, 24577, 40961, 57345, 73729, 204801, 221185, 401409

Writing inode tables: done
Creating journal (8192 blocks): done
Writing superblocks and filesystem accounting information: done

This filesystem will be automatically checked every 28 mounts or
180 days, whichever comes first.  Use tune2fs -c or -i to override.
[root@localhost ~]# mount /dev/sdb1 /data
```

### 3. 测试分区

为分区设置正确的权限，并对分区进行读写操作。
```
[root@localhost ~]# chmod 777 /data
```
因为分区要允许普通用户读写，故权限设置为 777 为宜。
```
[yangjing@localhost ~]$ cd /data
[yangjing@localhost data]$ ls
lost+found
[yangjing@localhost data]$ touch 123
[yangjing@localhost data]$ ls
123  lost+found
```
使用普通用户测试，此分区可以正常进行读写，规划分区完成。

## 5.2.2 限制用户和组的磁盘使用空间

### 1. 规划用户和组

由于普通用户与经理的配额不同，因此需要分别建立用户和组的配额。在这里把所有的普通用户加入 group1 组，为组设置磁盘配额。经理为个别用户，可以直接设置用户的配额。

```
[root@localhost ~]# usermod -G group1 joshua
[root@localhost ~]# usermod -G group1 alex
[root@localhost ~]# usermod -G group1 dax
[root@localhost ~]# usermod -G group1 bryan
[root@localhost ~]# usermod -G group1 zak
[root@localhost ~]# usermod -G group1 ed
```

### 2. 为用户和组设置磁盘配额

（1）编辑 fstab 文件。加入两个分区的挂载信息，如图 5-7 所示。

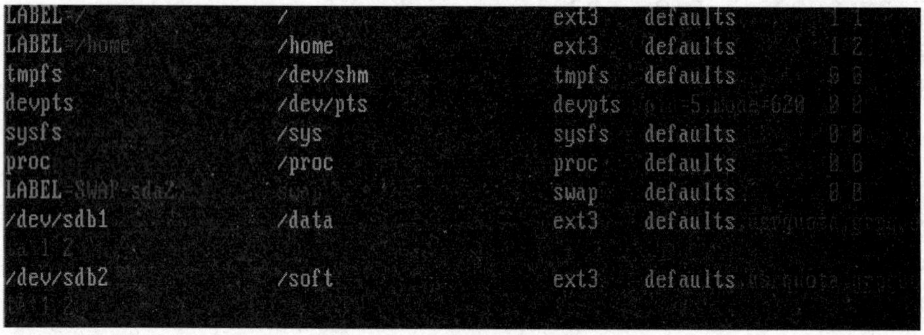

图 5-7 设置磁盘配额

（2）重新挂载/data 与/soft 分区。

```
[root@localhost ~]# mount -o remount /data
[root@localhost ~]# mount -o remount /soft
```

（3）生成用户与组的配额文件。

```
[root@localhost ~]# quotacheck -cmug /data
[root@localhost ~]# quotacheck -cmug /soft
```

（4）开启对应分区的配额功能。

```
[root@localhost hard1]# quotaon /data
[root@localhost hard1]# quotaon /soft
```

（5）编辑用户与组的配额。

```
[root@localhost hard1]# edquota -g group1
Disk quotas for group group1 (gid 502):
  Filesystem    blocks    soft    hard    inodes    soft hard
```

```
    /dev/sdb1       0        90000      100000      0        0        0
    /dev/sdb2       0        90000      100000      0        0        0
[root@localhost hard1]# edquota -u manager
Disk quotas for group manager (gid 508):
    Filesystem   blocks      soft       hard      inodes     soft   hard
    /dev/sdb1       0        90000      100000      0         0       0
    /dev/sdb2       0        90000      100000      0         0       0
```

### 2. 测试磁盘配额

使用 manager 用户创建一个大于 100MB 的文件, 如无法创建, 则说明磁盘配额已生效。

```
[root@localhost ~]# su - manager
[manager@localhost ~]$ dd if=/dev/zero of=/data/newfile bs=1000k
count=200
sdb1: warning, user block quota exceeded.
sdb1: write failed, user block limit reached.
sdb1: write failed, user block limit reached.
dd: 写入"data/newfil":超出磁盘限额
100+0 records in
99+0 records out
101994496 bytes (102 MB) copied, 0.474111 seconds, 215 MB/s
```

**注意**: 编写 fstab 文件时尽量使用 vim 编辑器, vim 编辑器会用颜色标识配置文件各个部分, 不容易出现编写失误。此文件一旦编写错误, 比如写错一个符号, 就会造成下次无法正常启动, 需要进入修复模式。

## 📖 扩展任务

在前面的案例中加入对用户和组文件数的限制, 比如限制普通用户只能创建 10 个文件, 并自行验证是否生效。

```
[root@localhost hard1]# edquota -g group1
Disk quotas for group group1 (gid 502):
    Filesystem   blocks      soft       hard      inodes     soft   hard
    /dev/sdb1       0        90000      100000      0         8      10
    /dev/sdb2       0        90000      100000      0         8      10
```

## ● 小 结

本章主要介绍了 Linux 的磁盘管理。从如何为磁盘分区到如何限制磁盘空间使用, 并结合企业需求规划用户和组在服务器上的磁盘空间使用。企业中需要采取磁盘配额策略的一般是文件服务器、邮件服务器等需要存储用户数据的计算机。使用 quota 可以有效地对用户和组创建的数据进行限制，合理地利用服务器资源，一定程度上保障了服务器的安全。

## ● 习 题

1. 在虚拟机中添加一块 1GB 的虚拟硬盘（SCSI）。

2. 把 sdb 分成一个主分区 sdb1（500MB）、两个逻辑分区 sdb5（200MB）与 sdb6（200MB）。

3. 把 sdb1 分别挂载到/etc 与/boot 目录下，观察这两个目录中的内容有什么变化，然后卸载，再观察有什么变化。

4. 把 sdb5、sdb6 分别挂载到/hard1 与/hard2 下。

# 第 6 章

# 管理进程与服务

在 Windows 操作系统中，使用任务管理器来查看进程占用资源的状态，使用服务管理工具查看服务的启动状态，那么 Linux 操作系统如何管理进程与服务呢？首先 Linux 是一个基于命令的操作系统，一般不通过图形界面管理系统，那么就需要掌握使用命令管理系统服务与进程。

## 📖 学习目标

☐ 熟悉 Linux 操作系统的引导流程
☐ 熟悉 Linux 操作系统的运行级别
☐ 掌握进程和服务管理
☐ 掌握任务的计划运行

## 📖 相关知识

## 6.1　Linux 系统管理

每个 Linux 系统都至少有一个人负责系统的维护和操作，这就是系统管理员。系统管理是 Linux 系统管理员日常重要工作之一，是 Linux 系统管理员的必备知识之一。对于 PC 用户来说，可以身兼数职，既是用户，又是系统管理员。系统管理员的职责就是保证系统平稳地操作和执行各种需要特权的任务。

### 6.1.1　Linux 系统启动流程

当计算机接通电源后，是如何一步一步到达登录界面，最终开始工作的呢？这期间用户只需要等待几分钟甚至更少的时间，就可以使用计算机学习与工作了。在这几分钟之内，计算机到底做了哪些操作呢？了解它们可以帮助理解操作系统是如何工作的。

#### 1. Linux 启动流程总览

当用户打开计算机电源，计算机会首先加载 BIOS 信息，BIOS 信息是如此的重要，以至于计算机必须在最开始就找到它。这是因为 BIOS 中包含了 CPU 的相关信息、设备启动顺序信息、硬盘信息、内存信息、时钟信息、PnP 特性等。在此之后，计算机才知道应该去读取哪个硬件设备。

BIOS 的功能由两部分组成，分别是 POST 码和 Runtime 服务。POST(power-on self test)，主要负责检测系统外围关键设备（如 CPU、内存、显卡、I/O、键盘鼠标等）是否正常。检测成功后，便会执行一段小程序用来枚举本地设备并对其进行初始化。这一步主要是根据用户在 BIOS 中设置的系统启动顺序来搜索用于启动系统的驱动器，如硬盘、光盘、U 盘、软盘和网络等。以硬盘启动为例，BIOS 此时去读取硬盘驱动器的第一个扇区（MBR），然后执行里面的代码。实际上这里的 BIOS 并不关心启动设备第一个扇区中是什么内容，它只是负责读取该扇区内容并执行。

MBR（Master Boot Record），即主引导记录，它的大小是 512 字节。别看内在不大，可里面却存放了预启动信息、分区表信息。系统找到 BIOS 所指定的硬盘的 MBR 后，就会将其复制到物理内存中。其实被复制到物理内存的内容就是 Boot Loader，比如 lilo 或者 grub。

Boot Loader 就是在操作系统内核运行之前运行的一段小程序。通过这段小程序，用户可以初始化硬件设备，建立内存空间的映射图，从而将系统的软硬件环境带到一个合适的状态，以便为最终调用操作系统内核做好一切准备。Boot Loader 有若干种，其中 Grub、Lilo 和 spfdisk 是常见的 Loader。以 Grub 为例，系统读取内存中的 grub 配置信息（一般为 menu.lst 或 grub.lst），并依照此配置信息来启动不同的操作系统。图 6-1 所示为 grub 引导界面。

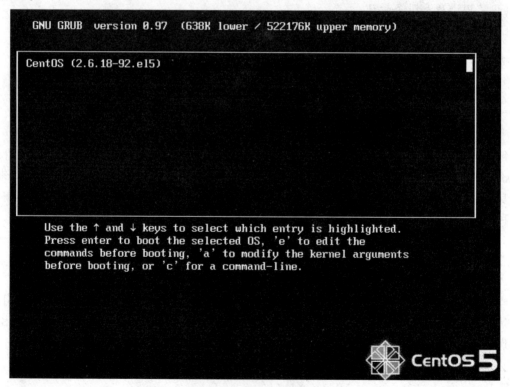

图 6-1  grub 引导界面

根据 grub 设定的内核映像所在路径，系统读取内核映像，并进行解压缩操作。系统将解压后的内核放置在内存之中，并调用 start_kernel()函数来启动一系列的初始化函数并初始化各种设备，完成 Linux 核心环境的建立。至此，Linux 内核已经建立起来了，基于 Linux 的程序应该可以正常运行了。

内核被加载后，第一个运行的程序便是/sbin/init，该文件会读取/etc/inittab 文件，并依据此文件来进行初始化工作。其实/etc/inittab 文件最主要的作用就是设定 Linux 的运行等级，其设定形式是"：id:5:initdefault:"，这就表明 Linux 需要运行在等级 5 上，如图 6-2 所示。

```
#
# inittab        This file describes how the INIT process should set up
#                the system in a certain run-level.
#
# Author:        Miquel van Smoorenburg, <miquels@drinkel.nl.mugnet.org>
#                Modified for RHS Linux by Marc Ewing and Donnie Barnes
#
#
# Default runlevel. The runlevels used by RHS are:
#   0 - halt (Do NOT set initdefault to this)
#   1 - Single user mode
#   2 - Multiuser, without NFS (The same as 3, if you do not have networking)
#   3 - Full multiuser mode
#   4 - unused
#   5 - X11
#   6 - reboot (Do NOT set initdefault to this)
#
id   initdefault

# System initialization.
si   sysinit /etc/rc.d/rc.sysinit

l0   wait /etc/rc.d/rc 0
l1   wait /etc/rc.d/rc 1
```

图 6-2　inittab 文件

在设定了运行等级后，Linux 系统执行的第一个用户层文件就是/etc/rc.d/rc.sysinit 脚本程序，它做的工作非常多，包括设定 PATH、设定网络配置（/etc/sysconfig/network）、启动 swap分区、设定/proc 等。根据运行级别的不同，系统会运行 rc0.d～rc6.d 中的相应的脚本程序，来完成相应的初始化工作和启动相应的服务。

rc 进程执行完毕后，返回 init，这时基本系统环境已经设置好了，各种守护进程也已经启动了。init 接下来会启动/sbin/mingetty 来打开 6 个终端，以便用户登录系统。通过 Alt+Fn（n为 1～6）键可在这 6 个终端之间切换。mingetty 的功能一般包括：

（1）打开终端，并设置其模式。

（2）输出登录界面及提示，接受用户名的输入。

注意：mingetty 在启动 login 程序前显示 login 登录提示信息。

（3）以用户名作为 login 的参数，执行 login 程序，验证用户的身份。已经建立起来了，基于 Linux 的程序应该可以正常运行了。

Linux 系统启动流程可总结为以下几个步骤：

（1）加载 BIOS。

（2）读取 MBR。

（3）启动 Boot Loader。

（4）加载内核。

（5）依据 inittab 文件来设定运行等级。

（6）init 进程执行 rc.sysinit。

（7）执行不同运行级别的脚本程序。

（8）执行/bin/login 程序。

如图 6-3 所示，形象地描述了 Linux 系统的启动流程。

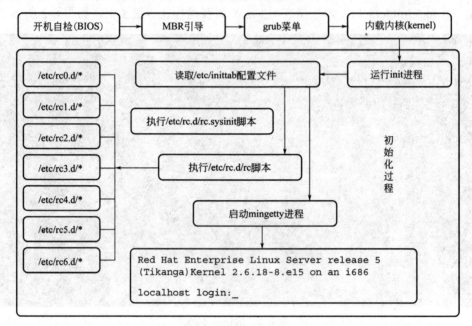

图 6-3　启动流程总览

### 2. init 进程

内核被载入内存，开始运行并初始化所有的设备驱动程序和数据结构等之后，内核将生成第一个进程——init，即前面的第（5）步骤。init 进程是一个由内核启动的用户级进程，是系统上运行的所有其他进程的父进程，它会观察其子进程，并在需要的时候启动、停止、重启它们，主要用来完成系统的各项配置。该进程对于 Linux 系统的正常工作是非常重要的。

init 的主要工作是根据/etc/inittab 文件来执行相应的脚本，进行系统的初始化，如设置键盘、字体、装载模块、设置网络等。所以，init 进程执行的每一步都是由/etc/initab 文件中的配置决定的，以下是 CentOS 的/etc/inittab 文件：

```
[root@localhost ~]# cat /etc/inittab
#
# inittab   This file describes how the INIT process should set up
#           the system in a certain run-level.
#
# Author:                    Miquel    van    Smoorenburg,
<miquels@drinkel.nl.mugnet.org>
```

```
#                    Modified for RHS Linux by Marc Ewing and Donnie Barnes
#

# Default runlevel. The runlevels used by RHS are:
#   0 - halt (Do NOT set initdefault to this)
#   1 - Single user mode
#   2 - Multiuser, without NFS (The same as 3, if you do not have
networking)
#   3 - Full multiuser mode
#   4 - unused
#   5 - X11
#   6 - reboot (Do NOT set initdefault to this)
#
id:5:initdefault:

# System initialization.
si::sysinit:/etc/rc.d/rc.sysinit

l0:0:wait:/etc/rc.d/rc 0
l1:1:wait:/etc/rc.d/rc 1
l2:2:wait:/etc/rc.d/rc 2
l3:3:wait:/etc/rc.d/rc 3
l4:4:wait:/etc/rc.d/rc 4
l5:5:wait:/etc/rc.d/rc 5
l6:6:wait:/etc/rc.d/rc 6

# Trap CTRL-ALT-DELETE
ca::ctrlaltdel:/sbin/shutdown -t3 -r now

# When our UPS tells us power has failed, assume we have a few minutes
# of power left.  Schedule a shutdown for 2 minutes from now.
# This does, of course, assume you have powerd installed and your
# UPS connected and working correctly.
pf::powerfail:/sbin/shutdown -f -h +2 "Power Failure; System
Shutting Down"

# If power was restored before the shutdown kicked in, cancel it.
  pr:12345:powerokwait:/sbin/shutdown -c "Power Restored; Shutdown
Cancelled"
```

```
# Run gettys in standard runlevels
1:2345:respawn:/sbin/mingetty tty1
2:2345:respawn:/sbin/mingetty tty2
3:2345:respawn:/sbin/mingetty tty3
4:2345:respawn:/sbin/mingetty tty4
5:2345:respawn:/sbin/mingetty tty5
6:2345:respawn:/sbin/mingetty tty6

# Run xdm in runlevel 5
x:5:respawn:/etc/X11/prefdm -nodaemon
```

/etc/inittab 文件是以行为单位的描述性（非执行性）文本，每个指令行都具有以下格式：

```
Id: runlevels: action: process
```

从代码中可以看到，etc/inittab 中语句的每一行包含以下 4 个域。

（1）id。id 是指入口标识符，它是一个字符串，是由两个独特的字元所组成的标识符，这个标识符在此文件中是唯一的。文件中的某些记录必须使用特定的 id 才能使系统工作正常。对于 getty 或 mingetty 等其他 login 程序项，要求 id 与 tty 的编号相同，否则 getty 程序不能正常工作。

（2）runlevels。runlevels 域给出的是本行的运行级别。运行级别会指出下一个操作域中的 action 以及 process 域会在哪些 runlevels 中被执行。而在正常的启动程序之后，root 用户可以使用 telinit 这个指令来改变系统的 runlevels。

（3）action。action 是指动作，指出 init 程序执行相应 process 的方式。如 initdefault 表示指定缺省的运行级别（runlevel），initdefault 是一个特殊的 action 值，用于标识缺省的启动级别。

（4）process。process 是指要执行的程序，程序后面可以带参数。

### 3. 系统运行级别

所谓运行级别，就是指操作系统当前正在运行的功能级别。级别是从 0 到 6，具有不同的功能。这些级别定义在/ect/inittab 文件中。这个文件是 init 程序寻找的主要文件，最先运行的服务是那些放在/etc/rc.d 目录下的文件。

Linux 下的 7 个运行级别：

0：系统停机状态，系统默认运行级别不能设置为 0，否则不能正常启动，机器关闭。

1：单用户工作状态，root 权限，用于系统维护，禁止远程登录，就像 Windows 下的安全模式登录。

2：多用户状态，没有 NFS 支持。

3：完整的多用户模式，有 NFS，登录后进入控制台命令行模式。

4：系统未使用，保留一般不用，在一些特殊情况下可以用它来做一些事情。例如在笔记本电脑的电量用尽时，可以切换到这个模式来做一些设置。

5：X11 控制台，登录后进入图形 GUI 模式，X-Window 系统。

6：系统正常关闭并重启，默认运行级别不能设为 6，否则不能正常启动。运行 init6 机器就会重启。标准的 Linux 运行级别为 3 或 5。

不同的运行级别使用了不同的服务程序组合，也类似于“套餐”的概念。例如，动感地带手机资费的 10 元短信套餐、15 元音乐套餐、20 元畅聊套餐。查看各级别下搭配哪些服务可使用 chkconfig 命令。

首先查看当前系统的运行级别，可使用 runlevel 命令。

```
[root@localhost ~]# runlevel
N 5
```

当前运行级别为 5，上次运行级别为空，可进行运行级别的转换。

```
[root@localhost ~]# init 3
[root@localhost ~]# runlevel
5 3
```

切换运行级别后，当前运行级别为 3，上次运行级别为 5。

接下来查看各运行级别服务的启动状态，如图 6-4 所示。

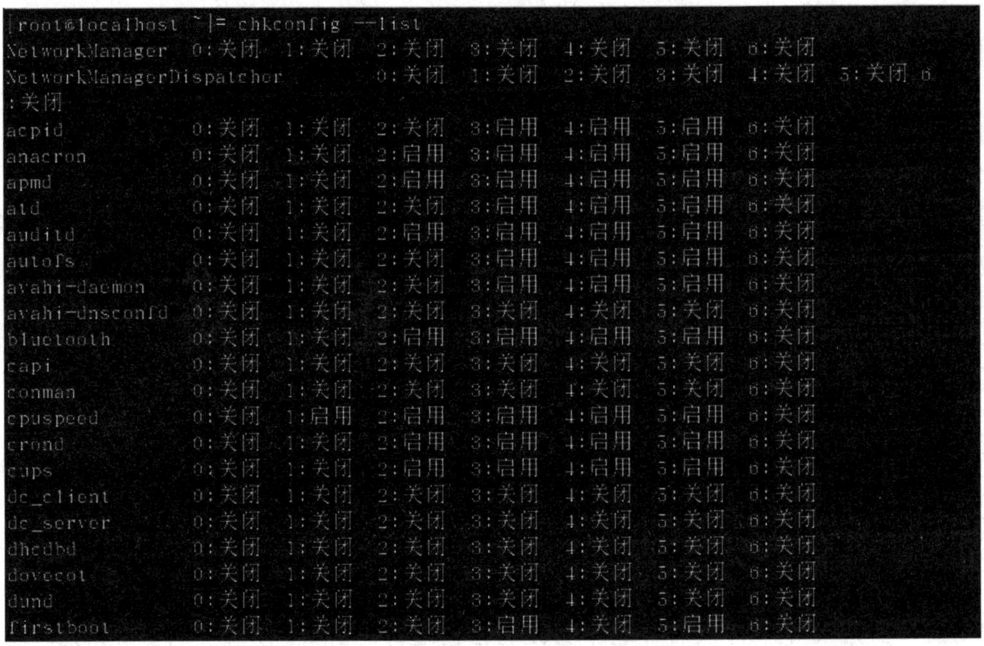

```
[root@localhost ~]# chkconfig --list
NetworkManager  0:关闭  1:关闭  2:关闭  3:关闭  4:关闭  5:关闭  6:关闭
NetworkManagerDispatcher        0:关闭  1:关闭  2:关闭  3:关闭  4:关闭  5:关闭  6
:关闭
acpid           0:关闭  1:关闭  2:关闭  3:启用  4:启用  5:启用  6:关闭
anacron         0:关闭  1:关闭  2:启用  3:启用  4:启用  5:启用  6:关闭
apmd            0:关闭  1:关闭  2:启用  3:启用  4:启用  5:启用  6:关闭
atd             0:关闭  1:关闭  2:关闭  3:启用  4:启用  5:启用  6:关闭
auditd          0:关闭  1:关闭  2:启用  3:启用  4:启用  5:启用  6:关闭
autofs          0:关闭  1:关闭  2:关闭  3:启用  4:启用  5:启用  6:关闭
avahi-daemon    0:关闭  1:关闭  2:关闭  3:启用  4:启用  5:启用  6:关闭
avahi-dnsconfd  0:关闭  1:关闭  2:关闭  3:关闭  4:关闭  5:关闭  6:关闭
bluetooth       0:关闭  1:关闭  2:启用  3:启用  4:启用  5:启用  6:关闭
capi            0:关闭  1:关闭  2:关闭  3:关闭  4:关闭  5:关闭  6:关闭
conman          0:关闭  1:关闭  2:关闭  3:关闭  4:关闭  5:关闭  6:关闭
cpuspeed        0:关闭  1:启用  2:启用  3:启用  4:启用  5:启用  6:关闭
crond           0:关闭  1:关闭  2:启用  3:启用  4:启用  5:启用  6:关闭
cups            0:关闭  1:关闭  2:启用  3:启用  4:启用  5:启用  6:关闭
dc_client       0:关闭  1:关闭  2:关闭  3:关闭  4:关闭  5:关闭  6:关闭
dc_server       0:关闭  1:关闭  2:关闭  3:关闭  4:关闭  5:关闭  6:关闭
dhcdbd          0:关闭  1:关闭  2:关闭  3:关闭  4:关闭  5:关闭  6:关闭
dovecot         0:关闭  1:关闭  2:关闭  3:关闭  4:关闭  5:关闭  6:关闭
dund            0:关闭  1:关闭  2:关闭  3:关闭  4:关闭  5:关闭  6:关闭
firstboot       0:关闭  1:关闭  2:关闭  3:启用  4:关闭  5:启用  6:关闭
```

**图 6-4　各运行级别服务的启动状态**

以上输出结果为服务在每个运行级别的自启动状态，如 atd 服务在运行级别 3，4，5 为自启动，其他运行级别不启动。也可以通过 chkconfig 修改各服务的自启动状态。如关闭 atd 服务在运行级别 3 自启动，可使用以下命令：

```
[root@localhost ~]# chkconfig --level 3 atd off
[root@localhost ~]# chkconfig --list atd
atd             0:关闭          1: 关闭          2: 关闭          3: 关闭
```

4：启动　　　　5：启动　　　6：关闭

chkconfig 语法如下：

chkconfig[--add][--del][--list][系统服务]或chkconfig[--level<等级代号>][系统服务][on/off/reset]。

用法：

--add：增加所指定的系统服务，用 chkconfig 指令管理，同时在系统启动的叙述文件内增加相关数据。

--del：删除所指定的系统服务，不再由 chkconfig 指令管理，同时在系统启动的叙述文件内删除相关数据。

--level<等级代号>：指定读系统服务要在哪一个执行等级中开启或关闭。

--list [name]：显示所有运行级系统服务的运行状态信息（on 或 off）。如果指定了 name，那么只显示指定的服务在不同运行级的状态。

使用范例：

chkconfig --list　　　#列出所有的系统服务；

chkconfig --add httpd　　#增加 httpd 服务；

chkconfig --del httpd　　#删除 httpd 服务；

chkconfig --level httpd 2345 on　　#设置 httpd 在运行级别为 2、3、4、5 的情况下都是 on（开启）的状态；

chkconfig --list　　　#列出系统所有的服务启动情况；

chkconfig --list mysqld　　#列出 mysqld 服务设置情况；

chkconfig --level 35 mysqld on　　#设定 mysqld 在 3 和 5 为开机运行服务，--level 35 表示操作只在 3 和 5 执行，on 表示启动，off 表示关闭；

chkconfig mysqld on　　#设定 mysqld 在各级别为 on。

## 6.1.2　Linux 系统进程管理

在操作系统中，进程是一个非常重要的概念。通俗地来说进程是运行起来的程序，唯一表示进程的是进程描述符（PID）。

### 1. 程序与进程的关系

程序是一组指令的有序集合，它本身没有任何运行的含义，只是一个静态的实体。而进程则不同，它是程序在某个数据集上的执行。进程是一个动态的实体，它有自己的生命周期。它因创建而产生，因调度而运行，因等待资源或事件而被处于等待状态，因完成任务而被撤销，反映了一个程序在一定的数据集上运行的全部动态过程。程序一般被保存在硬盘、光盘等介质中。而进程是在 CPU 及内存中运行着的程序代码，每个进程都可以创建一个或多个子进程。

进程和程序并不是一一对应的，一个程序执行在不同的数据集上就成为不同的进程，可以用进程控制块来唯一地标识每个进程，而这一点正是程序无法做到的。由于程序没有和数据产生直接的联系，即使是执行不同的数据的程序，它们的指令的集合依然是一样的，所以无法唯一地标识出这些运行于不同数据集上的程序。一般来说，一个进程肯定有一个与之对应的程序，而且只有一个。而一个程序有可能没有与之对应的进程，因为它没有执行；也有可能有多个进程与之对应。

### 2. 查看进程

Linux 系统中常用的查看进程的命令有 ps 命令、top 命令、pstree 命令。

（1）ps 命令。

语法：ps [options] [--help] 。

功能：查看静态的进程统计信息。

参数：ps 的参数非常多，在此仅列出几个常用的参数并大略介绍其含义。

-A：列出所有的进程。

-w：显示加宽，可以显示较多的资讯。

-au：显示较详细的资讯。

-aux：显示所有包含其他使用者的行程。

-a：显示一个终端的所有进程。

-N：忽略选择。

-d：显示所有进程。

-x：显示没有控制终端的进程，同时显示各个命令的具体路径。

-p：pid 进程使用 CPU 的时间。

-u uid or username：选择有效的用户 ID 或者是用户名。

-g gid or groupname：显示组的所有进程。

U username 显示该用户下的所有进程，且显示各个命令的详细路径。

-f：全部列出，通常和其他选项联用。

-l：长格式形式输出。

-j：任务格式输出。

-o：用户自定义格式。

v：以虚拟存储器格式显示。

s：以信号格式显示。

-m：显示所有的线程。

-H：显示进程的层次。

e：命令之后显示环境。

h：不显示第一行。

```
[root@localhost ~]# ps aux
USER     PID %CPU %MEM   VSZ   RSS  TTY     STAT  START  TIME COMMAND
root       1  0.0  0.1  2060   620  ?       Ss    03:25  0:00 init [5]
root       2  0.0  0.0     0     0  ?       S<    03:25  0:00 [migration/0]
root       3  0.0  0.0     0     0  ?       SN    03:25  0:00 [ksoftirqd/0]
root       4  0.0  0.0     0     0  ?       S<    03:25  0:00 [watchdog/0]
root       5  0.0  0.0     0     0  ?       S<    03:25  0:00 [events/0]
```

```
root       6   0.0  0.0    0     0 ?     S<   03:25  0:00 [khelper]
root       7   0.0  0.0    0     0 ?     S<   03:25  0:00 [kthread]
root      10   0.0  0.0    0     0 ?     S<   03:25  0:00 [kblockd/0]
root      11   0.0  0.0    0     0 ?     S<   03:25  0:00 [kacpid]
root      72   0.0  0.0    0     0 ?     S<   03:25  0:00 [cqueue/0]
root      75   0.0  0.0    0     0 ?     S<   03:25  0:00 [khubd]
root      77   0.0  0.0    0     0 ?     S<   03:25  0:00 [kseriod]
root     142   0.0  0.0    0     0 ?     S    03:25  0:00 [pdflush]
```

以上为显示系统所有进程的部分输出结果。各项的含义分别为：

USER：用户名。

UID：用户 ID（User ID）。

PID：进程 ID（Process ID）。

PPID：父进程的进程 ID（Parent Process ID）。

SID：会话 ID（Session ID）。

%CPU：进程的 CPU 占用率。

%MEM：进程的内存占用率。

VSZ：进程所使用的虚拟内存的大小（Virtual Size）

RSS：进程使用的驻留集大小或者是实际内存的大小，Kbytes 字节。

TTY：与进程关联的终端（tty）。

STAT：进程的状态，进程状态使用字符表示（STAT 的状态码）。

R 运行：正在运行或在运行队列中等待。

S 睡眠：休眠中, 受阻, 在等待某个条件的形成或接收到信号。

Z 僵死：进程已终止, 但进程描述不存在, 直到父进程调用 wait4()系统后释放。

START：进程启动时间。

TIME：进程使用的总 CPU 时间。

COMMAND：正在执行的命令行命令。

NI：优先级(Nice)。

PRI：进程优先级编号(Priority)。

（2）top 命令。ps 提供了进程的一次性的查看，它所提供的查看结果并不是动态连续的，如果想对进程时间监控，应该用 top 工具。

top 是一个动态显示过程，即可以通过用户按键来不断刷新当前状态。如果在前台执行该命令，它将独占前台，直到用户终止该程序为止。比较准确地说，top 命令提供了实时的对系统处理器的状态监视，它将显示系统中 CPU 最"敏感"的任务列表。该命令可以按 CPU 使用、内存使用和执行时间对任务进行排序，而且该命令的很多特性都可以通过交互式命令或者在个人定制文件中进行设定。

top 命令部分输出结果如图 6-5 所示。

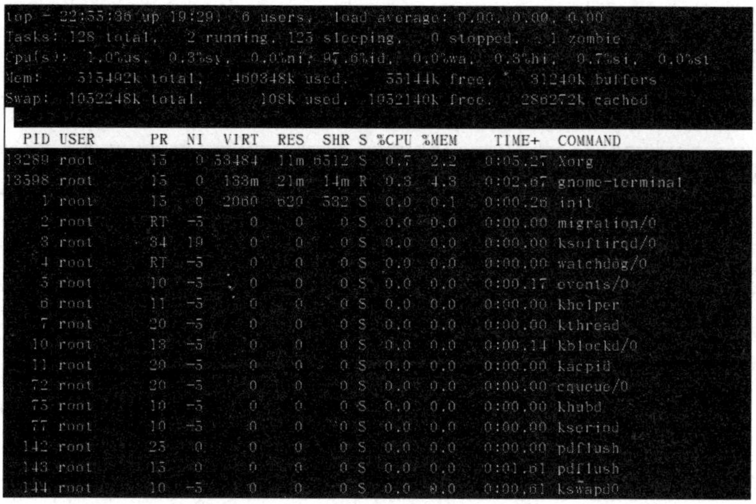

```
top - 22:55:36 up 19:29,  6 users,  load average: 0.00, 0.00, 0.00
Tasks: 128 total,   2 running, 125 sleeping,   0 stopped,   1 zombie
Cpu(s):  1.0%us,  0.3%sy,  0.0%ni, 97.6%id,  0.0%wa,  0.3%hi,  0.7%si,  0.0%st
Mem:    515492k total,   460348k used,    55144k free,    31240k buffers
Swap:  1052248k total,      108k used,  1052140k free,   286272k cached

  PID USER      PR  NI  VIRT  RES  SHR S %CPU %MEM    TIME+  COMMAND
13289 root      15   0 53484  11m 6512 S  0.7  2.2   0:05.27 Xorg
13598 root      15   0  133m  21m  14m R  0.3  4.3   0:02.67 gnome-terminal
    1 root      15   0  2060  620  532 S  0.0  0.1   0:00.26 init
    2 root      RT  -5     0    0    0 S  0.0  0.0   0:00.00 migration/0
    3 root      34  19     0    0    0 S  0.0  0.0   0:00.00 ksoftirqd/0
    4 root      RT  -5     0    0    0 S  0.0  0.0   0:00.00 watchdog/0
    5 root      10  -5     0    0    0 S  0.0  0.0   0:00.17 events/0
    6 root      11  -5     0    0    0 S  0.0  0.0   0:00.00 khelper
    7 root      20  -5     0    0    0 S  0.0  0.0   0:00.00 kthread
   10 root      18  -5     0    0    0 S  0.0  0.0   0:00.14 kblockd/0
   11 root      20  -5     0    0    0 S  0.0  0.0   0:00.00 kacpid
   72 root      20  -5     0    0    0 S  0.0  0.0   0:00.00 cqueue/0
   75 root      10  -5     0    0    0 S  0.0  0.0   0:00.00 khubd
   77 root      10  -5     0    0    0 S  0.0  0.0   0:00.00 kseriod
  142 root      25   0     0    0    0 S  0.0  0.0   0:00.00 pdflush
  143 root      15   0     0    0    0 S  0.0  0.0   0:01.01 pdflush
  144 root      10  -5     0    0    0 S  0.0  0.0   0:00.61 kswapd0
```

图 6-5　top 命令部分输出结果

第一行是任务队列信息，见表 6-1。

表 6-1　任务队列信息

| | |
|---|---|
| 22:55:36 | 当前时间 |
| up 19:29 | 系统运行时间，格式为时:分 |
| 6 user | 当前登录用户数 |
| load average: 0.00, 0.00, 0.00 | 系统负载，即任务队列的平均长度。三个数值分别为 1 分钟、5 分钟、15 分钟前到现在的平均值 |

第二行、第三行为进程和 CPU 的信息，见表 6-2。

表 6-2　进程和 CPU 的信息

| | |
|---|---|
| Tasks: 128 total | 进程总数 |
| 2 running | 正在运行的进程数 |
| 125 sleeping | 睡眠的进程数 |
| 0 stopped | 停止的进程数 |
| 1 zombie | 僵尸进程数 |
| Cpu(s): 1.0% us | 用户空间占用 CPU 百分比 |
| 0.3% sy | 内核空间占用 CPU 百分比 |
| 0.0% ni | 用户进程空间内改变过优先级的进程占用 CPU 百分比 |
| 97.6% id | 空闲 CPU 百分比 |
| 0.0% wa | 等待输入输出的 CPU 时间百分比 |

第四行、第五行为内存信息，见表 6-3。

表 6-3　内存信息

| Mem: 515492k total | 物理内存总量 |
| --- | --- |
| 460348k used | 使用的物理内存总量 |
| 55144k free | 空闲内存总量 |
| 31240k buffers | 用作内核缓存的内存量 |
| Swap: 1052248k total | 交换区总量 |
| 108k used | 使用的交换区总量 |
| 1052140k free | 空闲交换区总量 |
| 286272k cached | 缓冲的交换区总量。内存中的内容被换出到交换区，而后又被换入到内存，但使用过的交换区尚未被覆盖，该数值即为这些内容已存在于内存中的交换区的大小。相应的内存再次被换出时可不必再对交换区写入 |

top 命令的进程信息含义与 ps 命令输出含义类似，在这里不再赘述。使用 top 命令时可以使用一些命令按键：

按<P>键根据 CPU 占用情况对进程列表进行排序。

按<M>键根据内存占用情况进行排序。

按<N>键根据启动时间进行排序。

按<h>键可以获得 top 程序的在线帮助信息。

按<q>键可以正常退出 top 程序。

使用空格键可以强制更新进程状态显示。

（3）pstree 命令。pstree 命令以树形结构显示进程之间的关系。

语法：pstree [-acGhlnpuUV][-H <程序识别码>][<程序识别码>/<用户名称>]。

选项：

-a：显示每个程序的完整指令，包含路径、参数或是常驻服务的标示。

-c：不使用精简标示法。

-G：使用 VT100 终端机的列绘图字符。

-h：列出树状图时，特别标明现在执行的程序。

-H：此参数的效果和指定"-h"参数类似，但特别标明指定的程序。

-l：采用长列格式显示树状图。

-n：用程序 ID 排序。预设是以程序名称来排序。

-p：显示程序 ID 号。

-u：显示用户名称。

-U：使用 UTF-8 列绘图字符。

-V：显示版本信息。

Pstree 命令输出结果如图 6-6 所示。

## 3. 启动进程

当在命令行中输入一个可执行程序的文件名或者命令并按<Enter>键后，系统内核就将程序或者命令的相关代码加载到内存中开始执行。

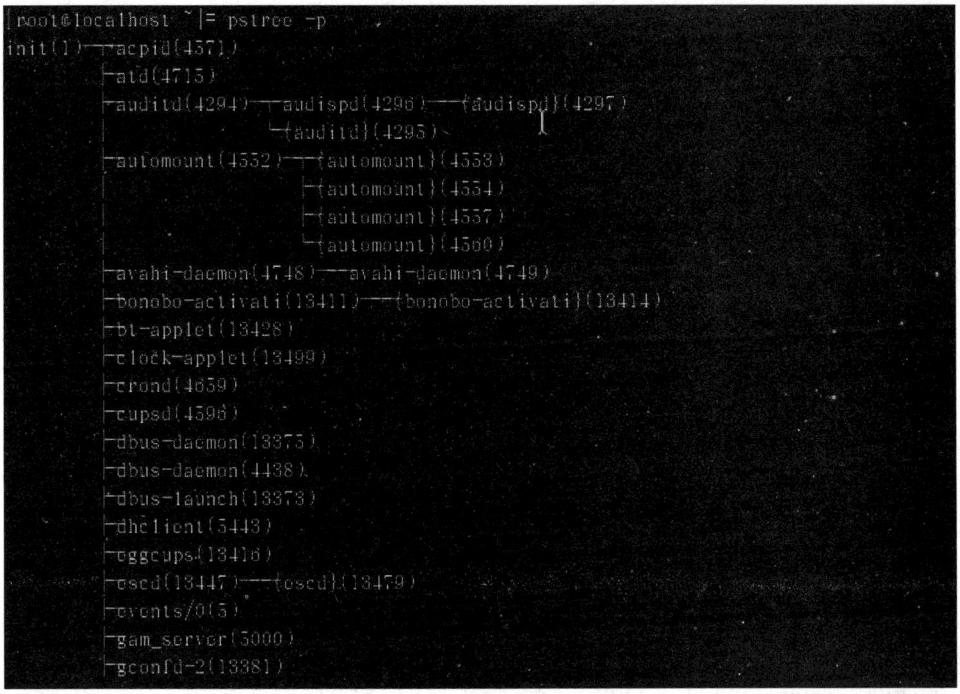

**图 6-6　pstree 命令输出结果**

系统会为该进程或者命令创建一个或者多个相关进程，通过进程完成特定的任务。启动进程的方式有两种，分别为前台启动和后台启动。

（1）前台启动进程。在命令行输入一个 Linux 命令并按<Enter>键，就以前台方式启动了一个进程。

```
[root@localhost ~]# ps -l
F S   UID   PID  PPID C PRI  NI ADDR SZ WCHAN  TTY          TIME CMD
4 S     0 13786 13758 0  76   0 - 1501 wait    pts/4    00:00:00 su
4 S     0 13787 13786 0  75   0 - 1408 wait    pts/4    00:00:00 bash
4 R     0 14027 13787 0  77   0 - 1328 -       pts/4    00:00:00 ps
```

可以看到产生了一个 ps 进程。

（2）后台启动进程。在前台运行的进程是正在进行交互操作的进程，它可以从标准输入设备接收输入，并将输出结果送到标准输出设备，在同一时刻只能有一个进程在前台运行。而在后台运行的进程一般不需要进行交互操作，不接收输入。

通常情况下，可以让一些运行时间较长而且不接收终端输入的程序以后台方式运行，让操作系统调度它。

以后台方式启动进程，只需要在执行的命令后添加一个"&"符号。

```
[root@localhost ~]# cp /dev/cdrom cd.iso &
[1] 14082
[root@localhost ~]# jobs
[1]+  Running                 cp -i /dev/cdrom cd.iso &
```

可以看到此进程在后台运行。

（3）进程的转换。前台的进程可以通过使用快捷键<Ctrl+z>调到后台运行。后台的进程可以使用 fg 命令调入前台运行，并且可以通过 job 命令查看后台的进程情况。

```
[root@localhost ~]# jobs
[1]+  Running                 cp -i /dev/cdrom cd.iso &
[root@localhost ~]# fg 1
cp -i /dev/cdrom cd.iso
[root@localhost ~]# ls -l
总计 3580092
-rw-------  1 root root       1159 2014-08-29 anaconda-ks.cfg
-rw-r-----  1 root root 3647049728 11-23 23:42 cd.iso
drwxr-xr-x  2 root root       4096 2014-12-23 Desktop
-rw-r--r--  1 root root      32645 2014-08-29 install.log
-rw-r--r--  1 root root       4947 2014-08-29 install.log.syslog
```

（4）进程的关闭。可以使用快捷键<Ctrl+c>关闭前台进程，或使用 kill 或 killall 命令关闭特定进程。

语法：kill [ -s signal | -p ] [ -a ] pid …

　　　kill -l [ signal ] 。

选项：

-s：指定发送的信号。

-p：模拟发送的信号。

-l：指定信号的名称列表。

pid：要中止进程的 ID 号。

signal：表示信号。

语法：killall[参数][进程名]。

选项：

-Z：只杀死拥有 scontext 的进程。

-e：要求匹配进程名称。

-I：忽略小写。

-g：杀死进程组而不是进程。

-i：交互模式，杀死进程前先询问用户。

-l：列出所有的已知信号名称。

-q：不输出警告信息。

-s：发送指定的信号。

-v：报告信号是否成功发送。

-w：等待进程死亡。

--help：显示帮助信息。

--version：显示版本显示。

kill 命令主要用于终止指定 PID 的进程，killall 命令用于终止指定名称的所有进程。

```
[root@localhost ~]# jobs
[1]    Stopped                top
[2]    Stopped                top
[3]-   Stopped                top
[4]+   Stopped                vi
[root@localhost ~]# ps -l
F S  UID   PID   PPID  C PRI  NI ADDR SZ WCHAN  TTY          TIME CMD
4 S    0 13786 13758  0  76   0 - 1501 wait   pts/4    00:00:00 su
4 S    0 13787 13786  0  75   0 - 1409 wait   pts/4    00:00:00 bash
0 T    0 14112 13787  0  77   0 -  536 finish pts/4    00:00:00 top
0 T    0 14113 13787  0  77   0 -  536 finish pts/4    00:00:00 top
0 T    0 14114 13787  0  77   0 -  535 finish pts/4    00:00:00 top
0 T    0 14119 13787  0  77   0 - 1460 finish pts/4    00:00:00 vi
4 R    0 14120 13787  0  77   0 - 1328 -      pts/4    00:00:00 ps
[root@localhost ~]# kill -9 14119
[root@localhost ~]# killall -9 top
[root@localhost ~]# jobs
```

## 6.1.3　计划任务管理

所谓计划任务，就是指某一个时间系统自动做一件事情，如输入指令或者保存文件等，计划任务分两种：一次性计划任务命令（at）和周期性计划任务命令（crontab）。

### 1. 一次性计划任务命令（at）

在指定的日期、时间点自动执行预先设置的一些命令操作，属于一次性计划任务。

语法：at[选项][时间]。

功能：在一个指定的时间执行一个指定任务，只能执行一次，且需要开启 atd 服务。

选项：

-m 当指定的任务被完成之后，将给用户发送邮件，即使没有标准输出。

-I：atq 的别名。

-d：atrm 的别名。

-v：显示任务将被执行的时间。

-c：打印任务的内容到标准输出。

-V：显示版本信息。

-q：<列队> 使用指定的列队。

-f：<文件> 从指定文件读入任务而不是从标准输入读入。

-t：<时间参数> 以时间参数的形式提交要运行的任务。

at 允许使用一套相当复杂的指定时间的方法，可以分为相对时间表示法和绝对时间表示法。

相对时间表示法：

```
now+1 minutes          //从现在起向后 n 分钟
now+1 days             //从现在起向后 n 天
now+1 hours            //从现在起向后 n 小时
now+1 weeks            //从现在起向后 n 周
```
绝对时间表示法：
```
midnight               //当天午夜
noon                   //当天中午
teatime                //当天下午 4 点
hh:mm   mm/dd/yy       //某年某月某日某时某分某秒
```
比如要在 5 分钟之后自动建立一个文件夹/dir1，可以采用相对时间表示法。
```
[root@localhost ~]# at now +5 minutes
at> mkdir /dir1
at> <EOT>
job 1 at 2015-11-24 00:29
```
只要 atd 服务启动，就可以检测到此任务，保证此任务能够按时完成。若想取消此任务，只要使用 atrm 命令即可删除。但注意，由于 at 是一次性执行的任务命令，如果任务已执行，就不能删除该任务了，因为该任务已经被删除。
```
[root@localhost ~]# atq
1       2015-11-24 00:29 a root
 [root@localhost ~]# atrm 1
[root@localhost ~]# atq
[root@localhost ~]#
```

## 2. 周期性计划任务命令（crontab）

cron 来源于希腊单词 chronos（意为"时间"），指 Linux 系统下一个自动执行指定任务的程序（计划任务）。

语法：crontab -u <-l, -r, -e>。

选项：

-u：指定一个用户。

-l：列出某个用户的任务计划。

-r：删除某个用户的任务。

-e：编辑某个用户的任务。

（1）编辑用户的 cron 任务。可用 crontab -e 命令来编辑，编辑的是/var/spool/cron 下对应用户的 cron 文件，也可以直接修改/etc/crontab 文件。具体格式如下：

```
Minute    Hour    Day    Month    Week    command
分钟      小时    天      月       星期    命令
0-59      0-23    1-31   1-12     0-6     command
```

每个字段代表的含义如下：

**Minute**：每个小时的第几分钟执行该任务。

Hour：每天的第几个小时执行该任务。

Day：每月的第几天执行该任务。

Month：每年的第几个月执行该任务。

Day Of Week：每周的第几天执行该任务，0 表示周日。

Command：指定要执行的程序、脚本或命令。

在这些字段里，除了"Command"是必须指定的字段以外，其他字段皆为可选。对于不指定的字段，要用"*"来填补其位置。除此之外，还有几个特殊符号：

"*"代表取值范围内的数字。

"/"代表"每"。

"-"代表从某个数字到某个数字。

","代表分开几个离散的数字。

（2）cron 配置文件。cron 计划任务的配置文件分为用户的配置文件和系统的配置文件。用户的配置文件位于/var/spool/cron 目录下，如 root 用户的 cron 计划任务就保存在/var/spool/cron/root 文件中，可以直接编辑也可以通过 crontab-e 进行编辑。

```
[root@localhost cron]# ls
root
[root@localhost cron]# cat root
20 17 * * * /bin/ls
```

系统的配置文件在/etc/crontab，它的内容如下：

```
[root@localhost cron]# cat /etc/crontab
SHELL=/bin/bash
PATH=/sbin:/bin:/usr/sbin:/usr/bin
MAILTO=root
HOME=/


# run-parts
01 * * * * root run-parts /etc/cron.hourly
02 4 * * * root run-parts /etc/cron.daily
22 4 * * 0 root run-parts /etc/cron.weekly
42 4 1 * * root run-parts /etc/cron.monthly
```

前四行是用来配置 cron 任务运行环境的变量。

如在/etc/crontab 文件中 run-parts 部分所示，它使用 run-parts 脚本来执行存在于/etc/cron.hourly、/etc/cron.daily、/etc/cron.weekly 和/etc/cron.monthly 目录中的脚本，这些脚本被相应地按照预设时间在每小时、每日、每周或每月执行。这些目录中的文件是 shell 脚本，并且具有可执行权限。

📖 **案例分析与解决**

# 6.2 案例六 Linux 服务器常规管理

Linux 系统管理员小杨需要对 Linux 服务器进行资源优化。由于 Linux 系统的特性，图形界面可以禁用，一些不必要的服务需要禁用。相应的服务只需要在上班时间启动，下班时间需要关闭，以保障服务器数据的安全。

## 6.2.1 配置 Linux 运行级别

由于服务器不需要运行图形界面，因此修改系统默认的运行级别，让服务器每次开机可以进入字符界面。

```
[root@localhost etc]# cat /etc/inittab
#
# inittab    This file describes how the INIT process should set up
#            the system in a certain run-level.
#
# Author: Miquel van Smoorenburg, <miquels@drinkel.nl.mugnet.org>
#         Modified for RHS Linux by Marc Ewing and Donnie Barnes
#


# Default runlevel. The runlevels used by RHS are:
#   0 - halt (Do NOT set initdefault to this)
#   1 - Single user mode
#   2 - Multiuser, without NFS (The same as 3, if you do not have
networking)
#   3 - Full multiuser mode
#   4 - unused
#   5 - X11
#   6 - reboot (Do NOT set initdefault to this)
#
id:3:initdefault:                          #修改系统默认运行级别

# System initialization.
si::sysinit:/etc/rc.d/rc.sysinit

l0:0:wait:/etc/rc.d/rc 0
l1:1:wait:/etc/rc.d/rc 1
```

```
l2:2:wait:/etc/rc.d/rc 2
l3:3:wait:/etc/rc.d/rc 3
l4:4:wait:/etc/rc.d/rc 4
l5:5:wait:/etc/rc.d/rc 5
l6:6:wait:/etc/rc.d/rc 6

# Trap CTRL-ALT-DELETE
ca::ctrlaltdel:/sbin/shutdown -t3 -r now

# When our UPS tells us power has failed, assume we have a few minutes
# of power left.  Schedule a shutdown for 2 minutes from now.
# This does, of course, assume you have powerd installed and your
# UPS connected and working correctly.
pf::powerfail:/sbin/shutdown  -f  -h +2  "Power  Failure; System
Shutting Down"

# If power was restored before the shutdown kicked in, cancel it.
pr:12345:powerokwait:/sbin/shutdown -c "Power Restored; Shutdown
Cancelled"



# Run gettys in standard runlevels
1:2345:respawn:/sbin/mingetty tty1
2:2345:respawn:/sbin/mingetty tty2
3:2345:respawn:/sbin/mingetty tty3
4:2345:respawn:/sbin/mingetty tty4
5:2345:respawn:/sbin/mingetty tty5
6:2345:respawn:/sbin/mingetty tty6

# Run xdm in runlevel 5
x:5:respawn:/etc/X11/prefdm -nodaemon
```

## 6.2.2　配置 Linux 服务

关闭服务器上不必要的服务，减少资源的占用。

| | |
|---|---|
| acpid | 停用 |
| apmd | 停用 |
| atd | 停用 |
| autofs | 停用 |

| | |
|---|---|
| avahi-daemon | 停用 |
| bluetooth | 停用 |
| cpuspeed | 停用 |
| cups | 停用 |
| firstboot | 停用 |
| gpm | 停用 |
| haldaemon | 停用 |
| hidd | 停用 |
| hplip | 停用 |
| ip6tables | 停用 |
| isdn | 停用 |
| lm_sensors | 停用 |
| messagebus | 停用 |
| nfslock | 停用 |
| pcscd | 停用 |
| portmap | 停用 |
| rpcgssd | 停用 |
| rpcidmapd | 停用 |
| yum-updatesd | 停用 |

以上服务由于对服务器来说可有可无，因此可以使用 chkconfig 指令关闭这些服务。

```
[root@localhost etc]# chkconfig --level 35 acpid off
[root@localhost etc]# chkconfig --level 35 apmd off
[root@localhost etc]# chkconfig --level 35 atd off
......            #省略
```

## 6.2.3 配置计划启动服务

由于服务器上运行着各种服务，并且需要定时为客户端提供各种服务，因此可以使用 cron 制定周期性计划任务自动完成。

### 1. 定时启动 httpd 服务

规定周一到周五上午 8 点到下午 5 点半自动开启和关闭 httpd 服务，以禁止非法用户访问 Web 站点。

```
[root@localhost etc]# crontab
0 8 * * 1-5 /etc/rc.d/init.d/httpd start
30 17 * * 1-5 /etc/rc.d/init.d/httpd stop
```

### 2. 定时启动 SAMBA 服务

规定周一到周五上午 8 点到下午 5 点半自动开启和关闭 SAMBA 服务（为避免启动的同时

占用服务器资源，可以把时间稍微延后），以禁止非法用户访问公司重要文件。

```
[root@localhost etc]# crontab
5 8 * * 1-5 /etc/rc.d/init.d/smb start
35 17 * * 1-5 /etc/rc.d/init.d/smb stop
```

### 3. 定时启动邮件服务

规定周一到周五上午 8 点到下午 5 点半自动开启和关闭邮件服务（为避免启动的同时占用服务器资源，可以把时间稍微延后）。

```
[root@localhost etc]# crontab
10 8 * * 1-5 /etc/rc.d/init.d/postfix start
40 17 * * 1-5 /etc/rc.d/init.d/postfix stop
```

## 📖 扩展任务

学习其他系统初始化文件在系统启动过程中所起的作用。

### 1. /etc/rc.d/rc.sysinit

由 init 进程调用执行，主要完成设置网络、主机名、加载文件系统等初始化工作。

### 2. /etc/rc.d/rc 脚本文件

由 init 进程调用执行，根据指定的运行级别，加载或终止相应的系统服务。

### 3. /etc/rc.local 脚本文件

由 rc 脚本调用执行，保存用户定义的、需开机后自动执行的命令。

## ● 小　结

本章主要介绍了 Linux 操作系统。首先需要理解 Linux 操作系统的启动流程，其中起重要作用的文件，如/etc/inittab。Linux 启动过程需要确定运行级别，理解各运行级别的特点，并能设置默认运行级别。系统启动后需要运行对应的服务，熟练使用 chkconfig 指令管理服务，使用 ps、top、pstree 命令管理进程。学会调度启动服务与进程，理解 at 和 cron 的区别，并能根据需求使用 at 和 cron 设置计划任务。

## ● 习　题

1. 在 Windows 中可以利用任务管理器很好地管理用户系统中的进程，但是在 Linux 系统中，需要在字符界面下利用命令来管理进程，这是 Linux 系统网络管理员所要掌握的一项最基本的内容，请做以下的操作：
（1）利用 vi 手工启动两个进程在后台运行。
（2）用 vi 编辑一个文件，并转入后台运行。

（3）把在后台运行中最前面的 vi 进程调入前台运行。

（4）杀死中间的一个 vi 进程。

（5）一次性杀死所有的 vi 进程。

2．假设你在一家公司做网络管理工作，可能要经常性地反复地去做某一项工作，如果按照传统的操作方式，必然会给工作带来额外的负载，如果能让系统自动地在某个特定的时间去执行某一项工作，或反复地去执行某一项工作，必然会节约很多时间，这在 Linux 中是完全可以实现的。

（1）把当前时间改为 2008 年 8 月 8 日 16 点 30 分 30 秒。

（2）利用 at 设置任务自动化，在当天 17：00，在根目录下自动创建一个 abc 目录，并进入 abc 目录中，建立一个空的文件 test，同时将该文件打包成 test.tar。

（3）让该系统在每周的一、三、五 17：30 自动关闭。

（4）让该系统在每月的 16 号自动启动 samba 服务。

# 第二部分　服务管理

# 第 7 章

# 配置 DHCP 服务器

网络管理是大型计算机网络运行成功的关键因素之一，DHCP 服务器在网络管理过程中非常重要。构建 DHCP 服务器需要一个稳定的操作系统和服务器软件，Linux 中附带的 DHCP 服务器也是目前 Internet 上最受欢迎的动态 IP 地址分配服务器。本章节以企业网的 DHCP 服务器为例，一步步地描述 DHCP 服务器搭建的过程。

## 📖 学习目标

☐ 了解 DHCP 服务器的作用
☐ 掌握 DHCP 服务器的工作原理
☐ 掌握 DHCP 服务器的搭建方法

## 📖 相关知识

## 7.1　构建 DHCP 服务器

DHCP（Dynamic Host Configuration Protocol，动态主机配置协议）通常被应用在大型的局域网络环境中，主要作用是集中地管理、分配 IP 地址，使网络环境中的主机动态地获得 IP 地址、网关地址、DNS 服务器地址等信息，并能够提高地址的使用率。

### 7.1.1　DHCP 服务概述

#### 1. DHCP 功能概述

DHCP 主要是用来给网络客户机分配动态的 IP 地址。客户机不需要手动配置 TCP/IP 协议，并且当客户机与服务器断开连接后，旧的 IP 地址也将被释放以便重新使用。

DHCP 协议采用客户端/服务器模型，主机地址的动态分配任务由网络主机驱动。当 DHCP 服务器接收到来自网络主机申请地址的信息时，才会向网络主机发送相关的地址配置等信息，以实现网络主机地址信息的动态配置。

DHCP 具有以下功能：

（1）保证一个 IP 地址在同一时刻只能由一台 DHCP 客户机所使用。

（2）DHCP 可以给用户分配永久固定的 IP 地址。

（3）DHCP 可以与用其他方法获得 IP 地址的主机共存（如手工配置 IP 地址的主机）。

（4）DHCP 服务器可以向现有的 BOOTP 客户端提供服务。

### 2. DHCP 分配地址的方式

DHCP 服务器有 3 种为 DHCP 客户机分配 IP 地址的方式。

（1）自动分配（automatic allocation）。当 DHCP 客户机第一次向 DHCP 服务器租用到 IP 地址后，这个地址就永久地分配给了该 DHCP 客户机。

（2）动态分配（dynamic allocation）。当 DHCP 客户机向 DHCP 服务器租用 IP 地址时，DHCP 服务器只是暂时分配给客户机一个 IP 地址。只要租约到期，这个地址就会还给 DHCP 服务器。如果 DHCP 客户机仍需要一个 IP 地址来完成工作，则可以再申请另外一个 IP 地址。

（3）手动分配（manual allocation）。在手动分配中，当 DHCP 客户机需要网络服务时，DHCP 服务器把网络管理员手工配置的 IP 地址传递给 DHCP 客户机。

动态分配方法是唯一能够自动重复使用 IP 地址的方法，它对于暂时连接到网上的 DHCP 客户机来说尤其方便。对于永久性与网络连接的新主机来说也是分配 IP 地址的好方法，同时还可以解决 IP 地址不够用的困扰。

## 7.1.2  DHCP 工作原理

DHCP 分为两个部分：一个是服务器端，另一个是客户端。

根据客户端是否是第一次登录网络，DHCP 的工作形式会有所不同。客户端从 DHCP 服务器上获得 IP 地址的整个过程分为以下 6 个步骤。

### 1. 寻找 DHCP 服务器

当 DHCP 客户端第一次登录网络的时候，计算机发现本机上没有设定任何 IP 地址，将以广播方式发送 DHCP discover 发现信息来寻找 DHCP 服务器。网络上每一台安装了 TCP/IP 协议的主机都会接收到这种广播，但只有 DHCP 服务器才会做出响应，如图 7-1 所示。

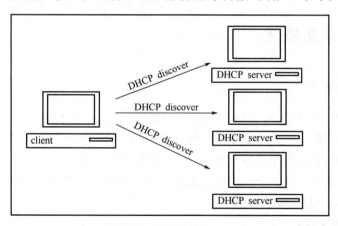

图 7-1  DHCP discover

## 2. 分配 IP 地址

在网络中接收到 DHCP discover 发现信息的 DHCP 服务器都会做出响应，向 DHCP 客户机发送一个尚未出租的 IP 地址和其他设置的 DHCP offer 信息，如图 7-2 所示。

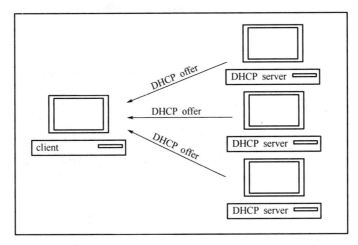

图 7-2　DHCP offer

## 3. 接收 IP 地址

DHCP 客户端接收到 DHCP offer 信息之后，选择第一个接收到的信息，然后以广播方式回答一个 DHCP request 请求信息，该信息中包含向它所选定的 DHCP 服务器请求 IP 地址的内容，如图 7-3 所示。

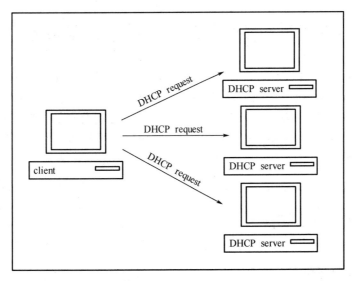

图 7-3　DHCP request

### 4. IP 地址分配确认

当 DHCP 服务器收到 DHCP 客户机回答的 DHCP request 请求信息之后，便向 DHCP 客户端发送一个包含它所提供 IP 地址和其他设置的 DHCP ACK 确认信息。然后，DHCP 客户机便将其 TCP/IP 协议与网卡绑定，未被选中，DHCP 服务器将收回曾经提供的 IP 地址。

### 5. 重新登录

当 DHCP 客户机每次重新登录网络时，就不需要再发送 DHCP discover 发现信息了，而是直接发送包含前一次所分配的 IP 地址的 DHCP request 请求信息。当 DHCP 服务器收到这一信息后，它会尝试让 DHCP 客户机继续使用原来的 IP 地址，并回答一个 DHCP ACK 确认信息。如果此 IP 地址已无法再分配给原来的 DHCP 客户机使用，则 DHCP 服务器给 DHCP 客户机回答一个 DHCP NACK 否认信息。当原来的 DHCP 客户机收到此 DHCP NACK 否认信息后，它就必须重新发送 DHCP discover 发现信息来请求新的 IP 地址。

### 6. 更新租约

DHCP 服务器向 DHCP 客户机出租的 IP 地址一般都有一个租借期限，期满后 DHCP 服务器便会收回出租的 IP 地址。如果 DHCP 客户机要延长其 IP 租约，则必须更新其 IP 租约。DHCP 客户机启动时和 IP 租约期限过一半时，DHCP 客户机都会自动向 DHCP 服务器发送更新其 IP 租约的信息。

## 📖 案例分析与解决

# 7.2　案例七　配置 DHCP 服务器端与客户端

小杨作为 Linux 系统管理员进入公司后，发现各个部门的 IP 地址管理很混乱，有些部门采用的是静态 IP 地址，而使用这些客户机的员工对网络又不熟悉，导致客户端经常不能上网。而懂电脑知识的员工又经常擅自修改自己的 IP 地址，不方便公司的网络管理。于是小杨决定重新规划公司的 IP 地址。小杨在公司先建立一台 DHCP 服务器，然后根据不同的楼层和不同的部门进行 IP 地址规划，让所有部门的电脑都能自动获取 IP 地址，同时也能更好地管理网络。

## 7.2.1　安装 DHCP 服务器

### 1. 做好安装之前的准备

在安装 DHCP 服务器之前，首先要为 DHCP 服务器指定一个固定 IP 地址。如果 DHCP 服务器上有双网卡，首先要禁用一个，以确保服务器可以正常安装。

DHCP 服务器安装软件版本如下：

dhcp-3.0.5-3.el5.i386.rpm（DHCP 服务器主程序包，包括 DHCP 服务和中继代理程序。安装该软件包，进行相应配置，即可以为客户机动态分配 IP 地址及其他 TCP/IP 信息）。

dhcp-devel-3.0.5-3.el5.i386.rpm（DHCP 服务器开发工具软件包，为 DHCP 开发提供库文件系统）。

dhcpv6-0.10-33.el5.i386.rpm（DHCP 服务器的 IPv6 扩展工具，使 DHCP 服务器能够支持 IPv6 的最新功能）。

dhcpv6_client-0.10-33.el5.i386.rpm（DHCP 客户端 IPv6 软件包，帮助客户端获取动态 IP 地址）。

### 2. DHCP 服务器的安装

在安装 DHCP 服务器之前，使用 rpm － qa|grep dhcp 命令检测系统是否安装了 DHCP 服务器相关软件包，如图 7-4 所示。

```
[root@localhost ~]# rpm -qa|grep dhcp
dhcpv6-client-1.0.10-4.el5
[root@localhost ~]#
```

图 7-4　查看系统是否安装了 DHCP 服务器相关软件包

图 7-4 所显示的结果表明系统还未完全安装 DHCP 服务器软件包，可以采用 [root@rhe15~]#rpm –ivh dhcp* 安装 DHCP 服务器相关组件。

待安装完后再用 rpm － qa 命令查看。

```
[root@localhost ~]# rpm -qa|grep dhcp
dhcpv6-client-1.0.10-4.el5
dhcp-3.0.5-33.el5_9
[root@localhost ~]#
```

图 7-5　用 rpm － qa 命令查看

从图 7-5 中可看出 DHCP 服务器软件包已全部安装上了。

## 7.2.2　配置 DHCP 服务

### 1. 主配置文件 dhcpd.conf

dhcpd.conf 是最核心的配置文件，它包括 DHCP 服务的配置信息。绝大部分的设置都需要修改该配置文件来完成。dhcpd.conf 文件大致包括两个部分，为全局配置和局部配置。全局配置可以包含参数和选项，该部分设置对整个 DHCP 服务器生效。局部配置通常由声明部分表示，该部分仅对局部生效，如仅对某个 IP 作用有效。

dhcpd.conf 文件的格式如下：

\#全局配置

参数或选项；//全局有效

```
#局部配置
声明{
      参数或选项；//局部有效
}
```

在 **Red Hat Enterprise Linux 5** 中 dhcpd 的配置文件不存在，需手动建立，但主程序包安装后，会自动生成一个配置文件范本，存放于/usr/share/doc/dhcp-3.0.5/dhcpd.conf.sample，可以用 **cp** 命令把该文件复制到/etc/目录下，然后重命名为 dhcpd.conf，使用命令如下：

```
cp/usr/share/doc/dhcp-3.0.5/dhcpd.conf.sample /etc/dhcpd.conf
```

将范本文件复制并重命名后使用 vi 命令编辑/etc/dhcpd.conf 文件，该文件的内容包含了部分参数、声明以及选项的用法，其中注释部分可以放在任何位置，并以"#"号开头，如下所示。

```
#全局配置
ddns-update-style interim；//指明 DNS 的更新方式
ignore client-updates；//忽略客户端机更新 DNS 记录
#局部配置
subnet 192.168.0.0 netmask 255.255.255.0{ //声明一个网段，该网段相当
于 Windows 中的作用域
#---default gateway
option routers 192.168.0.1；//网关地址
option subnet-mask 255.255.255.0；//分配给客户机的 netmask
option nis-domain "domain.org"；//为客户端指定所属的 NIS 域服务器的地址
option domain-name "domain.org"；//域名，要与 DNS 的域名保持一致
option domain-name-servers 192.168.1.1；//DNS 服务器的地址
option time-offset -18000；# Eastern standard Time   //为客户端设定
和格林尼治时间的偏移时间，单位是秒
#   option ntp-servers 192.168.1.1；//为客户端设定网络时间服务器 IP 地址
#   option netbios-name-servers 192.168.1.1；//为客户端指定 WINS 服务
器的 IP 地址
#---Selects point-to-point node (default is hybrid).Don't change
this unless
#---you understand netbios very well
#   option netbios-node-type 2；//为客户端指定节点类型
    range dynamic-bootp 192.168.0.128 192.168.0.254；//该网段中哪些
用于对客户端进行分配
default-lease-time 21600；//默认的租约时间
max-lease-time 43200；//最大的租约时间
# we want the nameserver to appear at a fixed address
host ns{         //对主机名为 ns 的主机做 host 声明
next-server marvin.Red Hat.com；设置服务器从引导文件中装主机名，应用于无
```

盘工作站

```
hardware ethernt 12:34:46:78:AB:CD；//该主机的 MAC 地址
    fixed-address 202.185.42.254；//该地址始终分配给该主机
}
```

### 2. 常用参数介绍

parameters：表明服务器如何执行任务，是否执行任务，或者将哪些网络配置选项发给客户端，或者是否检查客户端所用的 IP 地址，等等。

常用参数见表 7-1。

表 7-1　常用参数表

| 参数 | 解释 |
| --- | --- |
| ddns-update-style（none\|interim\|ad-hoc） | 定义所支持的 DNS 动态更新类型（不支持更新\|DNS 互动更新\|特殊 DNS 更新） |
| default-lease-time | 定义默认的 IP 租约时间 |
| max-lease-time | 定义客户端 IP 租约`时间的最大值 |
| hardware | 定义网络接口类型及硬件地址 |
| fix-address ip | 定义 DHCP 客户端指定的 IP 地址 |
| authoritative | 拒绝不正确的 IP 地址的需求 |
| ignore client-updates | 忽略客户端更新 |
| server-name | 通知 DHCP 客户服务器名称 |
| get-lease-hostnames flag | 检查客户端使用的 IP 地址 |

### 3. 常用选项介绍

option：某些参数必须以 option 关键字开头，它们被称为选项，通常用来配置 DHCP 客户端的可选参数。

常用选项见表 7-2。

表 7-2　常用选项表

| 选项 | 解释 |
| --- | --- |
| routers | 为客户端指定默认网关 |
| broadcast-address | 为客户端设定广播地址 |
| domain-name | 为客户端指定 DNS 服务器域名 |
| domain-name-servers | 为客户端指定 DNS 服务器地址 |
| time-offset | 为客户端设定和格林尼治时间的偏移时间 |
| ntp-servers | 为客户端设定网络时间服务器 IP 地址 |
| host-name | 为客户端设定主机名称 |

### 4. 常用声明介绍

declaration：描述网络布局，描述客户，提供客户的地址，或把一组参数应用到一组声明中。常用声明见表 7-3。

表 7-3　常用声明表

| 声明 | 解释 |
| --- | --- |
| subnet 网络号 netmask 子网掩码 | 定义作用域，即指定子网 |
| rang 起始 IP 地址 结束 IP 地址 | 指定动态 IP 地址范围 |
| host 主机名称 | 用于定义保留地址 |
| Group | 为一组参数提供声明 |
| sunbet | 描述一个 IP 地址是否属于该子网 |
| subnet-mask | 设置客户机的子网掩码 |
| shared-network | 用来告知是否一些子网分享相同网络 |
| allow\|deny unknown-clients | 是否动态分配 IP 给未知的使用者 |
| allow\|deny bootp | 是否响应激活查询 |
| allow\|deny booting | 是否响应使用者查询 |
| next-name | 开始启动文件的名称，应用于无盘工作站 |
| next-server | 设置服务器，从引导文件中装入主机名，应用于无盘工作站 |

### 5. 租约数据库文件

租约数据库文件用于保存一系列的租约声明。其中包含客户端的主机名、MAC 地址、分配到的 IP 地址，以及 IP 地址的有效期等相关信息。该数据库是一个可编辑的 ASCII 格式文本文件。每当发生租约变化的时候，都会在文件结尾添加新的租约记录。

当 DHCP 服务器被安装好后，租约数据库并不存在。然而，它在启动时却需要这个数据库。所以只需要建立一个空文件/var/lib/dhcpd.lease 即可。RH Enterprise Linux 5 版本在安装过 DHCP 服务器后会自动建立该租约数据库文件。当服务器正常运行后，可以使用 cat 命令查看租约数据库文件。

一个典型的文件内容如下：

```
lease 192.168.46.46.20 { //DHCP 服务器分配的 IP 地址
starts 1 2010/12/02 03:01:15; //lease 开始租约时间
ends 1 2010/12/02 09:01:15; //lease 结束租约时间
binding state active;
next binding state free;
hardware ethernet 00：09：73：4B：46：AC；客户机网卡 MAC 地址
uid "\001\000\000\350\240%\206"；用来验证客户机的 UID 标志
client-hostname "31"；客户机名称
}
```

注意：lease 开始租约时间和 lease 结束租约时间是格林尼治标准时间，不是本地时间。

#### 6. 启动和检查 DHCP 服务器

启动/停止 DHCP 服务器可以通过/etc/rc.d/init.d/dhcpd 进行操作，也可以使用 service 命令。

（1）启动 DHCP 服务器：如图 7-6 所示。

```
[root@localhost ~]service dhcpd start
```

```
[root@localhost ~]# service dhcpd start
Starting dhcpd:                                          [ OK ]
```

**图 7-6 启动 DHCP 服务器**

```
[root@localhost ~]/etc/rc.d/init.d/dhcpd start
```

（2）停止 DHCP 服务器：如图 7-7 所示。

```
[root@localhost ~]service dhcpd stop
```

```
[root@localhost ~]# service dhcpd stop
Shutting down dhcpd:                                     [ OK ]
```

**图 7-7 停止 DHCP 服务器**

```
[root@localhost ~]/etc/rc.d/init.d/dhcpd stop
```

（3）重启 DHCP 服务器：如图 7-8 所示。

```
[root@localhost ~]service dhcpd restart
```

```
[root@localhost ~]# service dhcpd restart
Shutting down dhcpd:                                     [ OK ]
Starting dhcpd:                                          [ OK ]
```

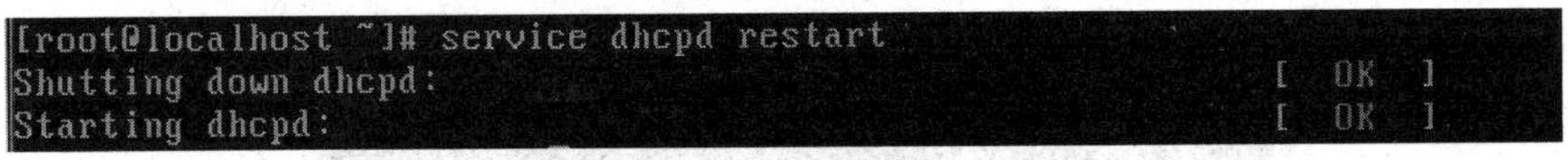

**图 7-8 重启 DHCP 服务器**

```
[root@localhost ~]/etc/rc.d/init.d/dhcpd restart
```

使用 ps 命令检查 dhcpd 进程，如图 7-9 所示。

```
[root@localhost ~]ps -ef | grep dhcpd
```

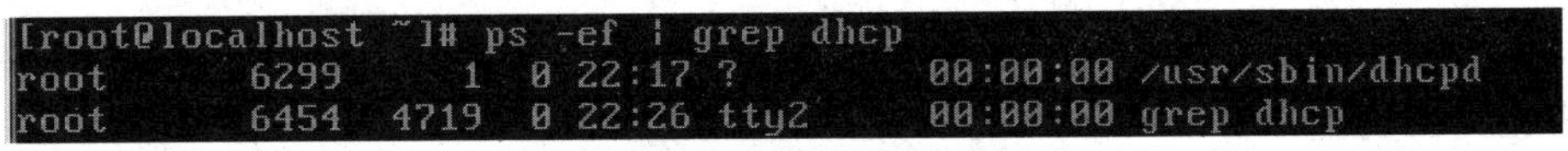

```
[root@localhost ~]# ps -ef | grep dhcp
root      6299      1  0 22:17 ?        00:00:00 /usr/sbin/dhcpd
root      6454   4719  0 22:26 tty2     00:00:00 grep dhcp
```

**图 7-9 检查 dhcpd 进程**

### 7.2.3 配置 DHCP 客户端

#### 1. Linux 客户端配置

Linux 配置 DHCP 客户端有两种方法：图形界面配置和文本配置。用文本方法手动配置步骤：

（1）用文本的方式配置 DHCP 客户端，需要修改网卡配置文件，将 BOOTPROTO 项的值设置为 dhcp。直接修改文件/etc/sysconfig/network-scripts/ifcfg-eth0，具体修改的内容如图 7-10 所示。

```
DEVICE=eth0
BOOTPROTO=dhcp
ONBOOT=yes
HWADDR=00:09:73:4b:41:bc
NETMASK=255.255.255.0
IPADDR=192.168.46.20
GATEWAY=192.168.46.254
TYPE=Ethernet
USERCTL=no
PEERDNS=yes
```

**图 7-10　修改网卡配置**

（2）重新启动网卡或者使用 dhclient 命令。使用 ifdown 和 ifup 命令，如图 7-11 所示。

```
[root@localhost ~]# ifdown eth0
[root@localhost ~]# ifup eth0

Determining IP information for eth0... done.
```

**图 7-11　重新启动网卡**

若使用 dhclient 命令，则重新发送广播申请 IP 地址，如图 7-12 所示。

```
[root@localhost ~]# dhclient eth0
Internet Systems Consortium DHCP Client V3.0.5-RedHat
Copyright 2004-2006 Internet Systems Consortium
All rights reserved.
For info, please visit http://www.isc.org/sw/dhcp/

Listening on LPF/eth0/00:0c:29:ec:1c:cb
Sending on   LPF/eth0/00:0c:29:ec:1c:cb
Sending on   Socket/fallback
DHCPREQUEST on eth0 to 255.255.255.255 port 67
DHCPACK from 192.168.46.168
bound to 192.168.46.254 -- renewal in 8751 seconds.
```

**图 7-12　重新发送广播申请 IP 地址**

（3）使用 ifconfig 命令测试，如图 7-13 所示。

```
[root@localhost ~]# ifconfig
eth0      Link encap:Ethernet  HWaddr 00:0C:29:EC:1C:CB
          inet addr:192.168.46.254  Bcast:192.168.46.255  Mask:255.255.255.0
          inet6 addr: fe80::20c:29ff:feec:1ccb/64 Scope:Link
          UP BROADCAST RUNNING MULTICAST  MTU:1500  Metric:1
          RX packets:376 errors:0 dropped:0 overruns:0 frame:0
          TX packets:291 errors:0 dropped:0 overruns:0 carrier:0
          collisions:0 txqueuelen:1000
          RX bytes:23502 (22.9 KiB)  TX bytes:22470 (21.9 KiB)
          Interrupt:67 Base address:0x2024
```

**图 7-13　使用 ifconfig 命令测试**

图 7-13 显示的结果表明，客户端 IP 地址已经由原来的 192.168.46.20 改为 192.168.46.253。
用图形界面配置步骤：

（1）在终端图形界面下运行 "neat" 命令，出现 "网络配置" 窗口，如图 7-14 所示。

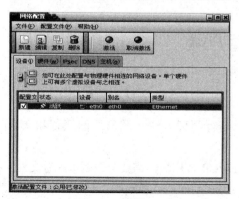

**图 7-14　网络配置窗口**

（2）双击文件中的"eth0"一行，进入如图 7-15 所示的界面，单击"自动获取 IP 地址设置使用"选择"dhcp"即可。

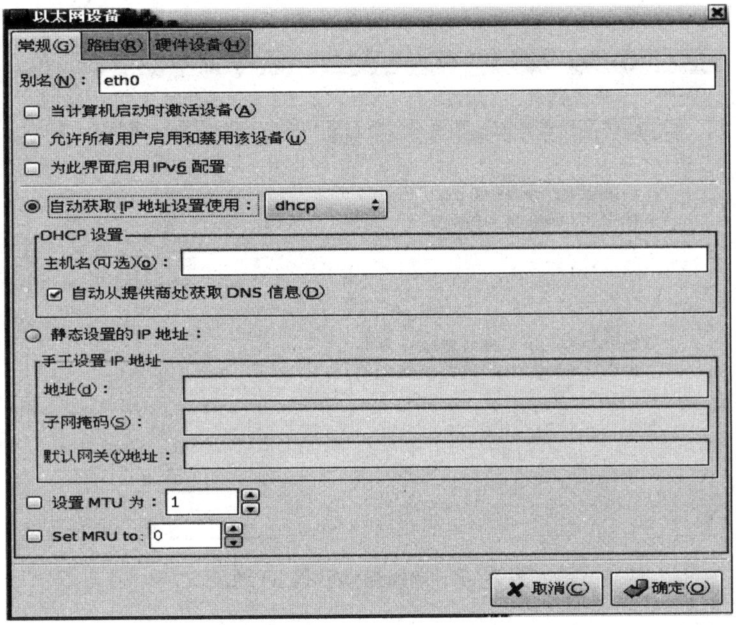

图 7-15　自动获取 IP 地址

## 2．Windows 客户端配置

打开作为客户机的 Windows 系统，选择"网上邻居"并单击右键，在弹出的快捷菜单中选择"属性"命令，打开"网络连接"窗口后，选择与外部通信的"本地连接"单击右键，在弹出的快捷菜单中选择"属性"命令，打开"本地连接　属性"对话框后，选择"Internet 协议（TCP/IP）"，单击"属性"按钮，进行 TCP/IP 设置，如图 7-16 所示。

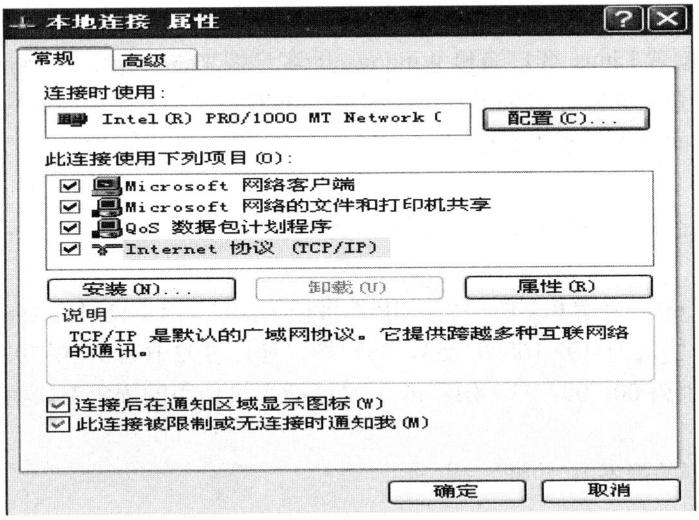

图 7-16　TCP/IP 设置

打开"Internet 协议（TCP/IP）属性"对话框后，启用客户端的 DHCP 功能，需要修改 IP 地址获取方式为"自动获得 IP 地址"，保证客户端会向 DHCP 服务器提交请求，如图 7-17 所示。

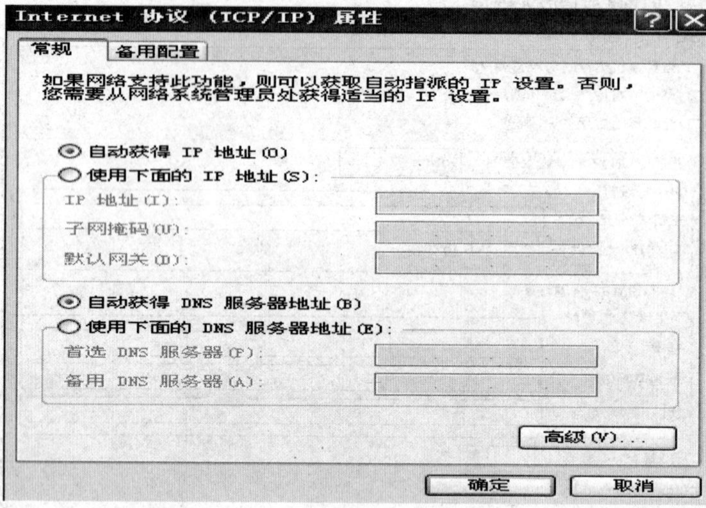

图 7-17　选择自动获得 IP 地址

## 📖 扩展任务

利用自己的学习或工作环境搭建一台 DHCP 服务器。让周边的计算机都能够从你的 DHCP 服务器中获取到 IP 地址、子网掩码、网关与 DNS。

## ● 小　结

本章首先介绍了 DHCP 服务器的概念和功能，以及 DHCP 服务器的工作原理。然后结合企业的具体相关需求搭建 DHCP 服务器，从 DHCP 服务器的安装、如何编辑主配置文件 dhcpd.conf 及怎么配置 Linux 客户端和 Windows 的客户端来进行介绍。通过本章的学习，网络管理人员可以根据企业的实际需求搭建自己的 DHCP 服务器，方便企业的网络管理，同时也为自己节省了工作时间，提高了工作效率。

## ● 习　题

学校机房拥有 60 台计算机，所使用的 IP 地址段为 192.168.46.1~192.168.46.254，子网掩码为 255.255.255.0，网关为 192.168.46.254，客户端仅使用 192.168.46.10~192.168.46.200，主机名为 31，MAC 地址为 00：09：73：4B：46：，AC 的主机使用的固定 IP 地址为 192.168.46.31。

配置步骤：

1．设置服务器的静态 IP 地址。
2．编辑主配置文件 dhcpd.conf。

使用 vi 编辑器打开 dhcpd.conf 文件，修改相应字段，步骤如下：

（1）将动态 DNS 的更新方式设置为 none。

（2）忽略客户端更新。

（3）设置 IP 作用域为 192.168.46.0。

（4）设置默认网关为 192.168.46.254。

（5）设置子网掩码为 255.255.255.0。

（6）设置地址池，范围是 192.168.46.10 到 192.168.46.200。

（7）定义"31"主机。

（8）指定以太网卡地址为 00：09：73：4B：46：AC。

（9）指定该客户端的 IP 地址为 192.168.46.31。

# 第 8 章

# 配置文件服务器

在局域网内，为了更好地共享网络资源，特别是一些文件和计算机周边设备，比如打印机、扫描仪等。大家都熟知 Windows 操作系统是通过网上邻居来进行网络资源共享的，如果网络中的主机包含了 Windows 和 Linux 两种操作系统，又该怎么办呢？这就需要借助 SAMBA 现资源共享。

## 学习目标

- □ 了解 SAMBA 服务器的作用
- □ 掌握 SAMBA 服务器的工作原理
- □ 掌握 SAMBA 服务器的搭建方法

## 相关知识

## 8.1 构建 SAMBA 文件服务器

SAMBA 是在 Linux 和 UNIX 系统上实现 SMB（Server Message Block，信息服务块）协议的一个免费软件，由服务器及客户端程序构成。SMB 是一种在局域网上共享文件和打印机的通信协议，它为局域网内的不同计算机之间提供文件及打印机等资源共享服务。

### 8.1.1 SAMBA 服务概述

#### 1．SAMBA 的作用

建立计算机网络的目的之一就是能够共享资源，如今接入网络的计算机大多数使用 Windows 操作系统。为了能让使用 Linux 操作系统的计算机和使用 Windows 操作系统的计算机共享资源，需要使用 SAMBA 工具。

SAMBA 是在 Linux/Unix 系统上实现 SMB（Server Message Block）协议的一个免费软件，以实现文件共享和打印机服务共享，它的工作原理与 Windows 操作系统的类似。

SMB 使 Linux 计算机在网上邻居中看起来如同一台 Windows 计算机。Windows 计算机的用户可以"登录"到 Linux 计算机中，从 Linux 中复制文件，提交打印任务。如果 Linux 运行环境中有较多的 Windows 用户，使用 SMB 将会非常方便。

如图 8-1 所示，图中的服务器运行 SAMBA 服务器软件，其操作系统是 Linux。该服务器通过 SAMBA 可以向局域网中其他的 Windows 主机提供文件共享的服务。同时，在 Linux 服务器上还连接了一个打印机，打印机也通过 SAMBA 向局域网的其他 Windows 用户提供打印服务。

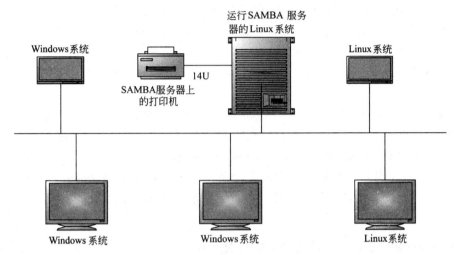

图 8-1 由 SAMBA 提供文件和打印共享

### 2. SAMBA 的组成

给 Windows 客户提供文件服务是通过 SAMBA 实现的，这套软件由一系列的组件构成，主要的组件有：

（1）smbd（SMB 服务器）。smbd 是 SAMBA 服务器的守护进程，是 SAMBA 的核心，时刻侦听网络的文件和打印服务请求，负责建立对话进程、验证用户身份、提供对文件系统和打印机的访问机制。该程序默认安装在/usr/sbin 目录下。

（2）nmbd（NetBIOS 名字服务器）。nmbd 也是 SAMBA 服务器的守护进程，用来实现"Network Brower"（网络浏览服务器）的功能，对外发布 SAMBA 服务器可以提供的服务。用户甚至可以用 SAMBA 作为局域网的主浏览服务器。

（3）smbclient（SMB 客户程序）。smbclient 是 SAMBA 的客户端程序，客户端用户使用它可以复制 SAMBA 服务器上的文件，还可以访问 SAMBA 服务器上共享的打印机资源。

（4）testparm。该程序用来快速检查和测试 SAMBA 服务器配置文件 smb.conf 中的语法错误。

（5）smbtar。smbtar 是一个 shell 脚本程序，它通过 smbclient 使用 tar 格式备份和恢复一台远程计算机 Windwos 系统的共享文件。

还有其他工具命令用来配置 SAMBA 的加密口令文件、配置用于 SAMBA 国际化的字符集。在 Linux 上，SAMBA 还提供了挂载和卸载 SMB 文件系统的工具程序 smbmount 和 smbumount。

## 8.1.2 SAMBA 服务工作原理

### 1. SMB 协议

在 NetBIOS 出现之后，Microsoft 就使用 NetBIOS 实现了一个网络文件和打印服务系统，该系统基于 NetBIOS 设定了一套文件共享协议，Microsoft 称之为 SMB（Server Message Block）协议。这个协议被 Microsoft 用于它们的 Lan Manager 和 Windows 服务器系统中，而 Windows 系统均包括这个协议的客户软件，因而这个协议在局域网系统中影响很大。

随着 Internet 的流行，Microsoft 希望将这个协议扩展到 Internet 上，成为 Internet 上计算机之间相互共享数据的一种标准。它将原有的几乎没有多少技术文档的 SMB 协议进行整理，重新命名为 CIFS（Common Internet File System）。因此，为了让 Windows 和 UNIX 计算机相集成，最好的办法即是在 UNIX 中安装支持 SMB/CIFS 协议的软件，这样 Windows 客户就不需要更改设置，就能如同使用 Windows NT 服务器一样，使用 UNIX 计算机上的资源了。

**注意**：Linux 操作系统之间是通过 NFS 进行文件共享的，Windows 操作系统通过网上邻居共享文件系统 CIFS。

### 2. SAMBA 的工作原理

SAMBA 的工作原理是让 Windows 操作系统网上邻居的通信协议——NetBIOS（Network Basic Input/Output System）和 SMB（Server Message Block）这两个协议在 TCP/IP 通信协议上运行，并且使用 Windows 的 NETBEUI 协议让 Linux 可以在网上邻居上被 Windows 看到。其中最重要的就是 SMB（Server Message Block）协议，在所有的诸如 Windows Server 2003、Windows XP 等 Windows 系列操作系统中广为应用。SAMBA 就是 SMB 服务器在类 UNIX 系统上的实现，它可以运行在几乎所有的 UNIX 变种上。

### 3. SAMBA 服务器的功能

文件共享和打印共享是 SAMBA 最主要的功能。SAMBA 为了方便文件共享和打印共享，还实现了相关的控制和管理功能。例如：

共享目录：在局域网上共享某个或某些目录，使得同一个网络内的 Windows 用户可以在网上邻居里访问该目录，与访问网上邻居里其他 Windows 主机一样。

目录权限：决定每一个目录可以由哪些人访问，具有哪些访问权限。SAMBA 允许设置一个目录让一个人、某些人、某些组和所有人访问。

共享打印机：在局域网上共享打印机，使得局域网的其他用户可以使用 Linux 操作系统下的打印机。

打印机使用权限：决定哪些用户可以使用打印机。

## 📖 案例分析与解决

# 8.2　案例八　安装与配置 SAMBA 服务器

小杨作为 Linux 系统管理员进入公司后,发现各个部门的电脑上安装的操作系统都不一样,有的使用 Windows 操作系统,有的使用 Linux 操作系统,在共享文件和打印机的时候非常不方便,部门负责人多次提出疑问,小杨决定配置 SAMBA 服务器,方便公司员工共享文件和使用计算机周边设备。

## 8.2.1　配置 SAMBA 服务器端

用户在安装 Linux 的时候,如果选择了安装所有软件包,那么 SAMBA 服务器就已经安装上了。如果系统没有安装,则可以从光盘的 Red Hat/RPMS 目录下安装。

### 1. 查询 SAMBA 是否已经安装

Red Hat Linux 中提供了 SAMBA 服务器的 RPM 软件安装包,这里可以使用 rpm 命令来检查是否已经安装。安装 SAMBA 服务器需要以下软件包:

samba-2.2.7a-7.9.0.i386.rpm,SAMBA 服务器软件。

samba-common-2.2.7a-7.9.0.i386.rpm,SAMBA 服务器与客户端都需要的文件。

```
[root@rh9 root]# rpm -qa |grep samb //检查 SAMBA 的相关软件是否已经
安装
samba-2.2.7a-7.9.0
samba-common-2.2.7a-7.9.0
samba-client-2.2.7a-7.9.0 //SAMBA 客户端软件
```

### 2. 安装 SAMBA

如果输出如上所示的软件名称,则说明已经安装,否则可以使用下面的命令安装 SAMBA 服务器软件。

注意:要先安装 samba-common-2.2.7a-7.9.0 软件包,才能顺利完成另外两个软件包的安装。

```
[root@rh9 dhcp]# mount /mnt/cdrom
[root@rh9 dhcp]# cd /mnt/cdrom/Red Hat/RPMS
[root@rh9 root]# rpm -ivh samba-common-2.2.7a-7.9.0.i386.rpm
warning: samba-common-2.2.7a-7.9.0.i386.rpm: V3 DSA signature:
NOKEY, key ID db42a60e
Preparing...          #########################################
[100%]
    1:samba-common     #########################################
```

```
[100%]
    [root@rh9 root]#
    [root@rh9 root]# rpm  -ivh  samba-2.2.7a-7.9.0.i386.rpm
    warning: samba-2.2.7a-7.9.0.i386.rpm: V3 DSA signature: NOKEY,
    key ID db42a60e
    Preparing...        ########################################
[100%]
      1:samba            ########################################
[100%]
    [root@rh9        root]#              rpm              -ivh
samba/samba-client-2.2.7a-7.9.0.i386.rpm
    warning: samba-client-2.2.7a-7.9.0.i386.rpm: V3 DSA signature:
    NOKEY, key ID db42a60e
    Preparing...        ########################################
[100%]
      1:samba-client     ########################################
[100%]
```

安装了上述 SAMBA 的公用软件包、服务器软件包和客户端软件包后就可以了，但为了配置的方便及利用 Red Hat Linux 的新特性，建议再安装 redhat-config-samba-1.0.4-1 和 samba-swat-2.2.7a-7.9.0 两个软件包。这两个软件包在 Red Hat Linux 安装光盘里都有，其中 redhat-config-samba-1.0.4-1.noarch.rpm 在第 1 张光盘里，samba-swat-2.2.7a-7.9.0 在第 2 张光盘里，安装方法和上面的相同。redhat-config-samba-1.0.4-1 是 SAMBA 配置工具，使用它可以很方便地配置 SAMBA。samba-swat-2.2.7a-7.9.0 是用来修改 SAMBA 配置文件的。

### 3. SAMBA 服务器的启停

安装并配置好 SAMBA 后，可以在 Linux 终端将 SAMBA 启动，也可通过终端命令行将已经启动的 SAMBA 服务器关闭。若要启动 SAMBA，必须以管理员身份登录 Linux，如果是以普通用户身份登录 Linux，可以在终端使用命令"su -"暂时切换到系统管理员身份。

SAMBA 服务器的启动、停止，以及当前所处状态的查询等操作，都可以通过 service 命令来实现。

```
[root@rh9  root]# service  smb
用法: /etc/init.d/smb {start|stop| restart|reload|status| condrestart}
[root@rh9  root]# service  smb  start
启动 SMB 服务:  [确定]
启动 NMB 服务:  [确定]
[root@rh9  root]# service  smb  stop
关闭 SMB 服务:  [确定]
关闭 NMB 服务:  [确定]
[root@rh9  root]# service  smb  status
```

smbd 已停

nmbd 已停

**注意**：在实际应用当中，每次开机都手动启动 SAMBA 服务是很不现实的，可以设置系统在指定运行级别（一般是 3 和 5）自行启动该服务（如下）。

### 4. 使用 chkconfig 命令

若要系统每次启动时自动开启 SAMBA 服务，可以使用 chkconfig 命令，下面的例子表示在系统进入第 3 个和第 5 个级别时自动开启 SAMBA 服务。

```
[root@rh9  root]# chkconfig
chkconfig 版本 1.3.8 - 版权 （C） 1997-2000 Red Hat, Inc.
在 GNU 公共许可的条款下，本软件可以被自由发行。
用法：  chkconfig --list [name]
        chkconfig --add <name>
        chkconfig --del <name>
        chkconfig [--level <levels>] <name> <on|off|reset>)
[root@rh9  root]# chkconfig --level 35 smb on
[root@rh9  root]# chkconfig --list smb
smb      0:关闭  1:关闭  2:关闭  3:启用  4:关闭  5:启用  6:关闭
```

### 5. 使用 ntsysv 命令

也可以使用命令 ntsysv 打开图形化的命令行界面来设置，如图 8-2 所示。使用<Tab>键可以在"服务"、"ok"和"Cancel"之间切换，在"服务"窗口中使用方向键<↓>和<↑>可以将光标移动到想要设置的服务，然后使用<Space>键设置或者取消需要自动启动的服务（前面有"*"标志的服务将在每次开机时自动启动）。另外，按照界面下方的提示按<F1>键，可以获得有关某个服务的详细说明。

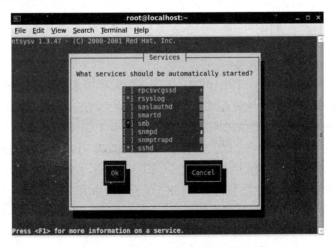

**图 8-2　使用 ntsysv 命令设置系统服务**

如果是在图形界面下，除了使用上面介绍的方法外，还可以在桌面上依次单击"主菜单"→

"系统设置"→"服务器设置"→"服务",打开如图 8-3 所示的界面,在该图像界面下用户也可以很方便地设置选中的服务。

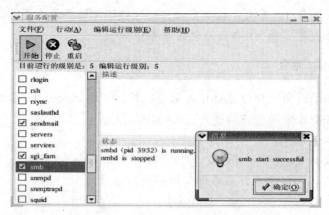

图 8-3    设置系统服务

### 6.    修改配置文件

SAMBA 服务器的最主要的配置文件是/etc/smb/smb.conf,该文件中以";"或"#"符号开头的是注释,该行的内容会被忽略而不生效。文件中以"#"开头的行是指说明,而以";"开头的行则是表示目前该项停用,但可以根据今后的需要去掉前面的";"使之生效。配置文件中的每一行都是以"设置项目=设置值"的格式来表示的。

配置文件 smb.conf 主要由两个部分组成:Global Settings 和 Share Definition。前者是与 SAMBA 整体环境有关的选项,这里的设置项目适用于每个共享的目录;后者是针对不同的共享目录的个别设置。在开始修改配置文件之前,必须先了解下列重点内容。

本部分参数主要有基本设置参数、安全设置参数、网络设置参数、文件设置参数、打印机设置参数、用户权限设置参数和日志设置参数等。

(1)workgroup = MYGROUP。此选项用来设置在 Windows 操作系统的"网上邻居"中将会出现的 SAMBA 服务器所属的群组,默认为 MYGROUP,不区分大小写。

(2)server string = SAMBA Server。此选项用来设置 SAMBA 服务器的文字说明,以方便客户端的识别,默认为"SAMBA Server"。

(3)hosts allow = 192.168.1.    192.168.2.    127.。此选项用来设置哪些主机允许访问 SAMBA 服务器,默认为全部。如果设置的项目超过一个,必须以逗号、空格或制表键来分隔开。"hosts allow = 192.168.1.    192.168.2.    127."表示允许来自 192.168.1.*、192.168.2.*和 127.*.*.*的主机连接。

另外,也可以采用其他的一些表示方法,如 "hosts allow =192.168.1. except 192.168.1.5"表示允许来自 192.168.1.* 的所有主机连接,但排除了 192.168.1.5 。"hosts allow = 192.168.1.0/255.255.255.0"表示允许来自 192.168.1.0 子网的所有主机连接。"hosts allow = host1,host2"表示允许名字是 host1 和 host2 的主机连接。"hosts allow = @cqcet.cn"表示允许来自 cqcet.cn 网域的所有主机连接。

(4)printcap name = /etc/printcap。此选项用来设置开机时,自动加载的打印机配置文件的名称和路径。

（5）load printers=yes。此项用来表示是否允许打印机在开机时自动加载到浏览列表（Browsing List），以支持客户端的浏览功能，即是否共享打印机。

（6）printing=cups。此选项用来指定打印系统的类型，在一般情况下并不需要修改此项。目前支持的打印系统有：bsd、sysv、plp、lprng、aix、hpux、qnx 和 cups。

（7）guest account=pcguest。pcguest 为用户名，可改去掉前边的";"，让用户以 pcguest 身份匿名登录，但要保证/etc/passwd 中有此账号。

（8）log file = /var/log/samba/%m.log。此选项为所有连接到 SAMBA 服务器的计算机建立独立的记录日志。其默认保存的位置是/var/log/samba/。

（9）max log size = 0。此选项设置每个记录日志的大小上限，单位是 KB。默认值为 0，表示没有大小的限制。SAMBA 服务器会定期检查其上限，如果超过此设置值，就会重新命名此文件，并加上".old"扩展名。

（10）security = user。此选项指定 SAMBA 服务器使用的安全等级为 user 级。此处可以用的安全等级有 share、user、server 和 domain 共 4 类。

（11）password server = <NT-Server-Name>。此选项默认不使用，而且只有在上个选项设置为"security = server"时才生效。它用来指定密码验证服务器的名称，此处必须使用 NetBIOS，默认是网络中的域控制器。也可以使用"password server=*"的方式自动寻找网络中可用的域控制器。

（12）password level = 8。此选项是为了避免 SAMBA 服务器和客户端之间允许的密码最大位数不同而产生的错误。

（13）username level = 8。此选项是为了避免 SAMBA 服务器和客户端之间允许的账号最大位数不同而产生的错误。

（14）encrypt passwords = yes。此项表示是否指定用户密码以加密的形式发送到 Samba 服务器。由于目前 Windows 操作系统都已经使用加密的方式来发送密码，因此建议启用该选项。否则，要改 Windows 注册表。

（15）smb passwd file = /etc/samba/smbpasswd。此选项用来指定 SAMBA 服务器使用的密码文件路径。在默认情况下，该文件并不存在，需要用户自己建立。

（16）ssl CA certFile = /usr/share/ssl/certs/ca-bundle.crt。此选项用来指定包含所有受信任 CA 名称的文件。当需要配置 SAMBA 服务器支持 SSL 时，必须读取这个文件的内容。在默认情况下，该选项未被启用。

（17）unix password sync = Yes。当 SAMBA 服务器密码文件 smbpasswd 中的加密密码内容修改时，用此选项来将 SAMBA 和 UNIX 中的密码进行同步。在默认情况下使用该功能，在运行密码同步之后，旧的 UNIX 密码将不能再用于登录系统。

（18）passwd program = /usr/bin/passwd %u。此选项默认时启用，用来指定设置 UNIX 密码的程序，默认值是"/usr/bin/passwd %u"，其中"%u"表示用户的名称。

（19）passwd chat = *New*password* %n\n *Retype*new*password* %n\n *passwd:*all *authentication*tokens*updated*successfully*。此选项表示设置用户把 Linux 密码转换为 SAMBA 服务器密码时，屏幕出现的指示字符串，以及与用户产生的交互窗口。如果使用默认值，则屏幕上显示如下字符串。

New password:

Retype new password:

passwd: all authentication tokens successfully.

（20）pam password change = yes。此选项表示可以使用 PAM 来修改 SAMBA 客户端的密码。PAM 可以允许管理员设置多种验证用户身份的方式，而不需要重新编译用于验证的程序。

（21）username map = /etc/samba/smbusers。此选项指定一个配置文件，在此文件中包含客户端与服务器端用户的对应数据。可以将同一个 UNIX 账号名对应到多个 SAMBA 账号，账号之间用空格间隔。如果每个客户端用户在 SAMBA 服务器上都拥有单独的 SAMBA 账号，则该项不需要设置。在默认情况下，该选项未被启用。

（22）include = /etc/samba/smb.conf.%m。此选项允许 SAMBA 服务器使用其他的配置文件，可以方便管理员事先为不同的主机设计合适的配置文件。在默认情况下，该选项未被启用。

（23）obey pam restrictions = yes。该选项用来设定是否采用 PAM 账号及会话管理。在默认情况下，该选项未被启用。

（24）socket options = TCP_NODELAY SO_RCVBUF=8192 SO_SNDBUF=8192。此选项在编写 TCP/IP 程序时相当重要，可以借此调整 SAMBA 服务器运行时的效率。可以使用"man setsockopt"命令来得到详细的内容。

（25）interfaces = 192.168.12.2/24 192.168.13.2/24。此选项可以使 SAMBA 服务器监视多个网络接口。在设置时，等号右边可以使用 IP 地址、网络接口名或者是 IP/子网掩码的组合。

（26）remote announce = 192.168.1.255 192.168.2.44。此选项允许 NMDB（NetBIOS 域名服务器）定期公布 SAMBA 服务器的 IP 地址和群组名称到远程的网络或主机上。在默认情况下，该选项未被启用。

（27）local master = no。此选项表示是否允许 nmbd 担任 Local Master 浏览器的角色，在默认的配置下并不使用此功能。如果设置值为"no"，则 nmbd 将不会成为子网中的 Local Master 浏览器，但是如果设置值为"yes"，也不是表示 nmbd 一定会是 Local Master 浏览器，而是指 nmbd 将会参加 Local Master 浏览器的选举。

（28）os level = 33。此选项的设置值是用来决定 Local Master 浏览器选举时的优先次序的，数值越高表示优先次序也越高。一般来说，SAMBA 服务器都具有很高的优先权，但是在默认的配置下并不使用此功能。

（29）domain master = yes。使用此选项后，表示这台 SAMBA 服务器可担任网络中的 Domain Master Browser，它可以集中来自所有子网的浏览列表。但如果网络中已有域控制器在担任此工作，则不可以使用这个选项，以免发生错误，在默认的配置下并不使用此功能。

（30）preferred master = yes。使用此选项后，Preferred Master 可以在 SAMBA 服务器启动时，强制进行 Local Browser 选择，同时 SAMBA 也会享有较高的优先级，但在默认配置下并不能使用此功能。

（31）domain logons = yes。此选项可以决定是否将 SAMBA 服务器当成 Windows 95 工作站登录时的账号验证主机，默认并不使用此功能。

（32）logon script = %m.bat。此选项可以设置主机登录时自动运行的批处理文件。这个文件需符合 DOS 兼容的换行格式，同时也需要先使用"domain logons"选项才可生效，但在默认的配置下并不使用此功能。

（33）logon script = %U.bat。此选项可以设置用户登录时自动运行的批处理文件。这个文件需符合 DOS 兼容的换行格式，同时也需先使用"domain logons"选项才可生效，但在默认的配置下并不使用此功能。

（34）logon path = \\%L\Profiles\%U。此选项可以设置用户在登录 SAMBA 服务器时所使用的个人配置文件（Profile）的位置。默认值中的"%L"表示这台服务器的 NetBIOS 名称，而"%U"是指用户名称，但在默认的配置下并不使用此功能。

（35）wins support = yes。此选项可用来决定是否将这台 SAMBA 服务器当成 WINS 服务器，除非环境中包含多个子网，否则不建议使用此选项。另外，在同一个网络中最多可以使用一台 WINS 服务器，而默认的配置下并不使用此功能。

（36）wins server = w.x.y.z。此选项可用来设置 WINS 服务器的 IP 地址，而这台 WINS 服务器必须已在 DNS 服务器中登记，在默认的配置下并不使用此功能。注意一点，SAMBA 服务器可作为 WINS 服务器或 WINS 客户端，但不可同时担任这两种角色。

（37）wins proxy = yes。此选项可用来决定是否将此 SAMBA 服务器当成 WINS 代理，在默认的配置下并不使用此功能。WINS 代理是指代替非 WINS 客户端向 WINS 服务器请求域名解析查询的计算机，因此在每个网段中至少要有一台 WINS 服务器。

（38）dns proxy = no。此选项可用来决定是否将此 SAMBA 服务器当成 DNS 代理，在默认的配置下并不使用此功能。DNS 代理如果发现尚未注册的 NetBIOS 名称，可以决定是否将由 DNS 得到的名称当成 NetBIOS 名称。

（39）preserve case = no。此选项可以用来决定新建文件时文件名称大小写是否与用户输入相同，或自己指定,在默认的配置下并不使用此功能。

（40）short preserve case = no。此选项可用来决定新建文件名符合 DOS 8.3 格式的文件时，文件名是否都用大写，或自己指定，在默认的配置下并不使用此功能。

（41）default case = lower。此选项可用来决定新建文件时文件名称的大小写，在默认的配置下并不使用此功能。

（42）case sensitive = no。此选项可以决定是否将大小写的文件名称视为不同，在默认的配置下并不使用此功能。但如果在 SAMBA 中，要以中文名称来为资源命名，则此处设置的值必须是"no"。

## 7. 其他共享设置

以下包含许多以中括号"[ ]"开头的区域，而且每个区域各代表一个共享资源，也就是在 Windows 客户端上启动"网上邻居"时，会出现的共享文件夹，以下将以配置文件中默认的内容来说明配置选项的功能。

（1）[home]。当用户请求一个共享时，服务器将在存在的共享资源段中去寻找，如果找到匹配的共享资源段，就使用这个共享资源段。如果找不到，就将请求的共享名看成是用户的用户名，并在本地的 password 文件里找这个用户，如果用户名存在且用户提供的密码是正确的，则以这个[home]段克隆出一个共享提供给用户。这个新的共享的名称是用户的用户名，而不是 home。如果[home]段里没有指定共享路径，就把该用户的主目录（home directory）作为共享路径。

通常的共享资源段能指定的参数基本上都可以指定给[home]段。但一般情况下[home]段有如下配置就可以满足普通的应用。

```
comment = Home Directories        //共享目录的文字描述
browseable = no       //不允许浏览主目录，即该目录内容只对有权限的用户可见
```

```
writable = yes                //允许用户写入目录
valid users = %S              //允许访问该目录的用户，"%S"表示当前登录的用户
create mode = 0664            //新建文件的缺省许可权限
directory mode = 0775         //新建目录的默认权限
map to guest = bad user
```

当用户输入不正确的账号和密码时，可以利用"map to guest"选项来设置处理的方式，但在使用此选项前，必须将"security"选项设为"user"、"server"或"domain"。可用的设置值见表8-1。

表8-1  map to guest 的可选值

| 设置值 | 说明 |
|---|---|
| never | 拒绝访问，该项最安全 |
| bad user | 如果输入的用户名正确，但密码错误，允许以 guest 身份访问 |
| bad password | 如果输入的用户名和密码都错误，仍然允许以 guest 身份访问 |

**注意**：如果在[home]段里加了"guess access = ok"，所有的用户都可以不要密码就能访问所有的主目录！

（2）[netlogon]。
```
comment = Network Logon Service    //共享目录的文字描述
path = /usr/local/samba/lib/netlogon    //共享目录的本机路径
guest ok = yes                //连接时不需要输入密码
writable = no                 //不允许写入共享目录
share modes = no              //是否允许目录中的文件在不同的用户之间共享
```
（3）[Profiles]。
```
path = /usr/local/samba/profiles        //共享目录的本机路径
browseable = no               //是否允许浏览目录
guest ok = yes                //连接时是否需要密码
```
（4）[printers]。

该段用于提供打印服务。如果定义了[printers]这个段，用户就可以连接/etc/printcap 文件里指定的打印机。

当一个连接请求到来时，smbd 去查看配置文件 smb.conf 里已有的段，如果和请求匹配就用那个段，如果找不到匹配的段，但[home]段存在，就用[home]段。否则请求的共享名就当作打印机共享名，然后去寻找适合的 printcap 文件，看看请求的共享名是否为有效的打印共享名，如果是，就克隆出一个新的打印机共享提供给客户。
```
comment = All Printers        //共享打印机的文字描述
path = /var/spool/samba       //假脱机目录所在的位置
browseable = no               //不允许浏览与打印服务相关的假脱机目录
public = yes                  //所有用户可以访问共享资源
guest ok = no                 //连接共享资源时不需要输入密码
writable = no                 //不允许写入与打印服务相关的假脱机目录
```

```
printable = yes                          //实现打印共享
```

**注意：** 实现打印共享的配置段中，必须是"printable = yes"，如果指定为其他，则服务器将拒绝加载配置文件。通常，公共打印机的打印队列路径应该是任何人都有写入的权限。

另外，public=yes or no 都不是针对限定用户的，而是针对未限定的用户。设置成"yes"就是所有的用户都能够访问，设置成"no"就是仅限于限定的用户才能够访问。

（5）[tmp]。

```
comment = Temporary file space           //共享资源的文字描述
path = /tmp                              //共享资源的本机路径
read only = no                           //不只是允许读取
public = yes                             //所有用户都可以访问共享资源
```

（6）[public]。

```
comment = Public Stuff                   //共享资源的文字描述
path = /home/samba                       //共享资源的本机路径
public = yes                             //所有用户都可以访问共享资源
writable = yes                           //目录允许写入
printable = no                           //不允许打印共享
write list = @staff                      //拥有写入权限的用户或群组（以@开头表示）
```

另外，要让 SAMBA 服务器使用主机名能够正确地访问到相关的其他主机，如提供客户端身份验证的另一台服务器，还必须修改/etc/samba/lmhost 文件。该配置文件的唯一功能是提供主机名与 IP 地址的对应关系，应该将网络中所有和 SAMBA 服务器有关的主机名与 IP 地址的对应关系都记录到里面，每条记录占用一行。在默认情况下，该文件的内容只有一条记录"127.0.0.1　localhost"。

## 8.2.2　配置 SAMBA 客户端

在 Windows 客户端上，双击"我的电脑"打开文件浏览器，然后在地址栏中输入"\\SAMBA 服务器名称或 IP"，按<Enter>键后在窗口中将看到 SAMBA 服务器上的共享资源，如图 8-4 所示。双击共享目录"work"图标，不用输入用户名和密码即可进入共享目录，进行权限许可范围内的各种操作。

图 8-4　从 Windows 访问 SAMBA 服务器

　　在 Linux 客户端上，双击"用户主目录"图标，打开文件浏览器，然后在地址栏中输入"smb://SAMBA 服务器名称或 IP"，在窗口中将看到 SAMBA 服务器上的共享资源，如图 8-5 所示。双击共享目录"work"的图标，不用输入用户名和密码即可进入共享目录，进行权限范围内的相关操作。

图 8-5　从 Linux 访问 SAMBA 服务器

　　对于初学者用户，也可以在图形界面下配置 SAMBA 服务器。图形界面的配置虽然简单、直观，但对于某些高级选项，图形界面下的配置工具并不能够很好地实现。因此，要想对 SAMBA 服务器进行精细化的管理，还要采取直接编辑配置文件的方法实现。

## 📖 扩展任务

　　在服务器上采用图形界面的方式搭建 SAMBA 服务器，然后把需要共享的资源放到服务器上，让客户端用不同用户、不同权限去下载服务器上的资源。

## ● 小　结

　　本章首先介绍了 SAMBA 服务器的功能和工作原理，接着介绍了 SAMBA 的组成和 SAMBA 服务器的搭建，并用实例进行了详细的说明。学完本章，应能根据企业的实际情况来建立 SAMBA 服务器，配置客户端，通过 SAMBA 服务器来实现企业内部的资源共享。

## ● 习　题

　　1. 动手搭建一个 SAMBA 文件服务器
　　（1）目录要求。
　　企业数据目录：/companydata
　　公共目录：/companydata/share
　　销售部目录：/companydata/sales

技术部：/companydata/tech

（2）企业员工情况：总经理：gm；销售部：销售部经理 redking、员工 sky、员工 jane；技术部：技术部经理 michael、员工 bill、员工 joy。

（3）搭建 SAMBA 文件服务器，建立公共共享目录，允许所有人访问，权限为只读，为销售部和技术部分别建立单独的目录，只允许总经理和相应部门员工访问，并且公司员工禁止访问非本部门的共享目录。

2．公司有 3 个部门分别是：业务部、财务部、经理办公室

每个部门假设有两个人员，分别为 yewu01、yewu02，caiwu01、caiwu02，jingli01、jingli02。

（1）每个用户可以访问自己的宿主目录，并且只有该用户能访问宿主目录，并具有完全的权限，而其他人不能看到该用户的宿主目录。

（2）建立一个 caiwu 文件夹，要求财务组和领导组的可看到，只有 caiwu01 有写入的权限，其他人员不能访问。

（3）建立一个 yewu 的文件夹，要求业务组的用户可读写，经理组的用户可查看。

（4）建立一个公司文件共享目录，要求全部人可查看，但每个人只能删除自己的文件，不能删除别人的文件。

# 第 9 章

# 配置域名服务

域名服务可以实现名称到 IP 地址的映射，使用户可以更加方便地访问互联网中的资源。域名服务让用户不需要去记忆主机的 IP 地址，只需要一个具有代表意义的名称就可以访问该主机的资源。比如访问百度的网站服务器，只需要在浏览器中输入"http://www.baidu.com"，而不用输入"http:// 180.97.33.107"，其中的 www.baidu.com 称为域名，具有实际意义，容易被用户记住。

## 📖 学习目标

- ☐ 了解 DNS 系统的作用
- ☐ 理解 DNS 系统的结构与类型
- ☐ 掌握 bind 构建域名服务
- ☐ 掌握主、从、缓存域名服务器配置管理

## 📖 相关知识

## 9.1 构建 DNS 服务器

DNS 是域名系统（domain name system）的缩写，是因特网的一项核心服务，DNS 并不是一项单纯的服务，而是广泛意义上的全球的域名解析系统，由若干台 DNS 服务器及 DNS 成员机组成。它作为可以将域名和 IP 地址相互映射的一个分布式数据库，能够使用户更方便地访问互联网，而不用去记住能够被机器直接读取的 IP 数串。

### 9.1.1 DNS 系统概述

#### 1. DNS 系统的作用

DNS 的主要作用是域名解析，也就是把计算机名翻译成 IP 地址，这样就可以直接用易于联想记忆的计算机名来进行网络通信，而不用去记忆那些枯燥晦涩的 IP 地址了。描述 DNS 的 RFC882 和 RFC883 出现在 1984 年，但 1969 年 11 月互联网就诞生了，在 DNS 未设计之前难道都是互相用 IP 地址进行通信的吗？显然不是，早期互联网的规模非常小，最早互联网上只

有 4 台主机，分别在犹他大学、斯坦福大学、加利弗尼亚州洛杉矶分校和加利弗尼亚州圣芭芭拉分校，即使在整个 20 世纪 70 年代互联网上也只有几百台主机而已。这样一来，解决名称解析的问题就可以使用非常简单的办法，每台主机利用一个 hosts 文件就可以把互联网上所有的主机名都解析成 IP 地址了。这个 hosts 文件现在用户还在使用，它位于 Windows 操作系统的 %system%\system32\Drivers\etc 目录下、Linux 操作系统的/etc 目录下。如图 9-1 所示，可以清楚地看到 hosts 文件把 www.baidu.com（域名）解析为 202.108.22.5（IP）了。

**图 9-1　主机名称解析文件 hosts**

在一个小规模的互联网上，使用 hosts 文件是一个非常简单的解决方案。一般情况下，斯坦福大学的主机管理员每周更新一次 hosts 文件，其他的主机管理员每周都定时下载更新的 hosts 文件。但显然这种解决方案在互联网规模迅速膨胀时就不太适用了，试想现在的互联网上有一亿台主机，如果每个人的计算机中都要有一个容纳一亿台主机的 hosts 文件，不 仅占用了存储空间，解析效率也会非常低。

互联网的管理者们及时为 hosts 文件找到了继任者——DNS，DNS 的设计要求使用分布式结构，既允许主机分散管理数据，同时数据又可以被整个网络所用。管理的分散有利于缓解单一主机的"瓶颈"，缓解流量压力，同时也让数据更新变得简单。

### 2. DNS 系统的结构

目前 DNS 采用的是分布式的解析方案。互联网管理委员会规定，域名空间的解析权都归根服务器所有，根服务器对互联网上所有的域名都享有完全的解析权，比如根服务器把 com 结尾的域名解析权委派给其他的 DNS 服务器，以后所有以 com 结尾的域名根服务器都不负责解析，而由被委派的服务器负责解析。除此之外，根服务器还把以 net、org、edu、gov 等结尾的域名都一一进行了委派，这些被委派的域名被称为顶级域名，每个顶级域名都有预设的用途，例如 com 域名用于商业公司，edu 域名用于教育机构，gov 域名用于政府机关，等等，这种顶级域名也被称为顶级机构域名。根服务器还针对不同国家进行了域名委派，例如把所有以 CN 结尾的域名委派给中国互联网管理中心，以 JP 结尾的域名委派给日本互联网管理中心，这些顶级域名被称为顶级国家域名。如图 9-2 所示，DNS 的名称结构为倒树形，最顶层为根域，往下为顶级域，分别由根域、顶级域服务器维护，其次是二级域，一般由企业内部 DNS 服务器维护，最后为主机名，能标识此区域的某台主机。如 news.cisco.com.就是一个完全合格的域名（FQDN），最右边的"."一般可以省略。

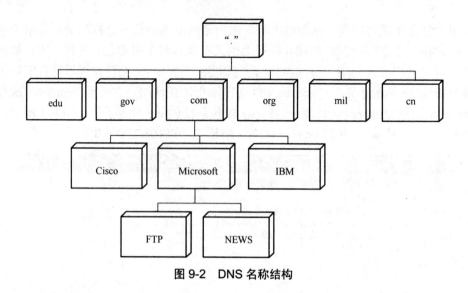

图9-2　DNS 名称结构

### 3. DNS 服务器类型

在 Internet 中，每一台 DNS 服务器都只负责管理有限范围内的计算机域名和 IP 地址的对应关系，这些特定的 DNS 域或 IP 地址段称为"zone"（区域）。根据地址解析的方向不同，DNS 区域相应地分为正向区域（包含域名到 IP 地址的解析记录）和反向区域（包含 IP 地址到域名的解析记录）。

DNS 服务器按照配置和实现功能的不同，分为不同的类型。同一台服务器相对于不同的区域来说，也拥有不同的身份。常见的 DNS 服务器类型如下：

（1）主域名服务器。主域名服务器是特定的 DNS 区域的官方服务器，对于某个指定区域，主域名服务器是唯一存在的，其管理的域名解析记录具有权威性。主域名服务器需要在本地设置所管理区域的地址数据库文件。主域名服务器是 DNS 的主要成员，对 Internet 中域名数据的发布和查找起着非常重要的作用。主域名服务器总是地址数据的初始来源，主域名服务器对单个的域名有最高权限。因为它们是区域间传送区域数据文件的唯一来源，就具有向任何一个需要其数据的服务器发布区域信息的功能。

（2）从域名服务器。从域名服务器也称为辅助域名服务器，其主要功能是提供主域名服务器的备份，通常与主域名服务器同时提供服务。对于客户端来说，从域名服务器提供与主域名服务器完全相同的功能。但是从域名服务器提供的地址解析记录并不由自己决定，而是取决于对应的主域名服务器。当主域名服务器中的地址数据库文件发生变化时，从域名服务器中的地址数据库文件也会发生相应的变化。

（3）转发服务器。转发服务器是指当本 DNS 服务器无法对 DNS 客户端的解析请求进行本地解析时，可以允许本地 DNS 服务器转发 DNS 客户端发送的查询请求到其他的 DNS 服务器。此时本地 DNS 服务器又称为转发服务器。

可能会存在一个或多个转发服务器，它们会按顺序进行请求，直到请求得到回答为止。转发服务器一般用于用户不希望站点内的服务器直接和外部服务器通信的情况下。一个特定的情形是许多 DNS 服务器和一个网络防火墙。服务器不能穿透防火墙传送信息，它会转发给可以传送信息的服务器，那台服务器就会代表内部用户询问 Internet 上的 DNS 服务器。使用转发功能的另一个好处是中心服务器得到了所有用户都可以利用的更加完全的信息缓存。

域名服务器使用区表示一个域内的主机，并且一个域内可以有多个区的授权。区是域的一部分，包含了域中除代理给别处的子域外的所有域名和数据。如果域的子域没有被代理出去，则该区中包含子域名和子域中的数据，如"www.sina.com"的域为"sina.com"，这是一个独立的区。在该域下可以有若干个子域，如"game.sina.com""book.sina.com"等。

## 9.1.2 DNS 查询工作原理

当客户端程序要通过一个主机名称来访问网络中的一台主机时，它首先要得到这个主机名称所对应的 IP 地址，因为 IP 数据报中允许放置的是目的主机的 IP 地址，而不是主机名称。可以从本机的 hosts 文件中得到主机名称所对应的 IP 地址，但如果 hosts 文件不能解析该主机名称，只能通过向客户机所设定的 DNS 服务器进行查询了。

域名查询可以通过不同的方式进行解析。第一种是本地解析，客户端可以使用缓存信息就地应答，这些缓存信息是通过以前的查询获得的。第二种是直接解析，直接由所设定的 DNS 服务器解析，使用的是该 DNS 服务器的资源记录缓存或者其权威应答（如果所查询的域名是该服务器管辖的）。第三种是递归查询，即设定的 DNS 服务器代表客户端向其他 DNS 服务器查询，以便完全解析该名称，并将结果返回至客户端。第四种是迭代查询，即设定的 DNS 服务器向客户端返回一个可以解析该域名的其他 DNS 服务器，客户端再继续向其他 DNS 服务器查询。

### 1. 本地解析

客户机平时得到的 DNS 查询记录都保留在 DNS 缓存中，客户机操作系统上都运行着一个 DNS 客户端程序。当其他程序提出 DNS 查询请求时，这个查询请求要传送至 DNS 客户端程序。DNS 客户端程序首先使用本地缓存信息进行解析，如果可以解析所要查询的名称，则 DNS 客户端程序就直接应答该查询，而不需要向 DNS 服务器查询，该 DNS 查询处理过程也就结束了。图 9-3 所示为计算机 DNS 缓存信息的一部分。

图 9-3 本机 DNS 缓存信息

### 2. 直接解析

如果 DNS 客户端程序不能从本地 DNS 缓存回答客户机的 DNS 查询，它就向客户机所设定的首选 DNS 服务器发出一个查询请求，要求首选 DNS 服务器进行解析。图 9-4 所示为 Windows 计算机首选 DNS 服务器设置。首选 DNS 服务器得到这个查询请求后，首先查看一下所要查询的域名是不是自己能解析的，如果能解析，则直接给予应答，如果不能解析，再查看自己的 DNS 缓存，如果可以从缓存中解析，则也是直接给予应答。

```
以太网适配器 本地连接:

连接特定的 DNS 后缀 . . . . . . . :
描述. . . . . . . . . . . . . . . : Realtek PCIe GBE Family Controller
物理地址. . . . . . . . . . . . . : 30-65-EC-28-32-63
DHCP 已启用 . . . . . . . . . . . : 是
自动配置已启用. . . . . . . . . . : 是
本地链接 IPv6 地址. . . . . . . . : fe80::a149:ea93:728e:90ee%11(首选)
IPv4 地址 . . . . . . . . . . . . : 192.168.1.102(首选)
子网掩码  . . . . . . . . . . . . : 255.255.255.0
获得租约的时间  . . . . . . . . . : 2015年12月20日 13:28:03
租约过期的时间  . . . . . . . . . : 2015年12月20日 21:38:18
默认网关. . . . . . . . . . . . . : 192.168.1.1
DHCP 服务器 . . . . . . . . . . . : 192.168.1.1
DHCPv6 IAID . . . . . . . . . . . : 238052844
DHCPv6 客户端 DUID  . . . . . . . : 00-01-00-01-1C-4E-AD-BE-30-65-EC-28-32-63

DNS 服务器  . . . . . . . . . . . : 61.128.128.68
                                    61.128.192.68
TCPIP 上的 NetBIOS  . . . . . . . : 已启用
```

图 9-4　首选 DNS 服务器设置

### 3．递归解析

当首选 DNS 服务器自己不能回答客户机的 DNS 查询时，它就需要向其他 DNS 服务器进行查询。此时有两种方式，首选 DNS 服务器自己负责向其他 DNS 服务器进行查询，一般是先向该域名的根域服务器查询，再由根域服务器一级级向下查询。最后得到的查询结果返回给首选 DNS 服务器，再由首选 DNS 服务器返回给客户端。

### 4．迭代解析

当首选 DNS 服务器自己不能回答客户机的 DNS 查询时，也可以通过迭代查询的方式进行解析，首选 DNS 服务器不是自己向其他 DNS 服务器进行查询，而是把能解析该域名的其他 DNS 服务器的 IP 地址返回给客户端 DNS 程序，客户端 DNS 程序再继续向这些 DNS 服务器进行查询，直到得到查询结果为止。如图 9-5 所示，分别表示递归查询和迭代查询。

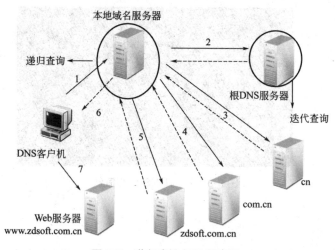

图 9-5　递归查询与迭代查询

📖 **案例分析与解决**

# 9.2  案例九  配置 DNS 服务端与客户端

小杨公司内部的服务器需要进行域名解析。如员工访问网站需要使用域名 www.xy.com 访问，访问 FTP 站点需要使用域名 ftp.xy.com 访问，因此需要搭建内部 DNS 服务器进行域名解析。由于 DNS 服务器配置较复杂，因此小杨安装了 caching-nameserver 软件包作为配置文件的样例，并且采用动静结合的方式为 DNS 客户端配置服务器地址。

## 9.2.1  配置 DNS 服务器端

### 1. DNS 相关软件

在 Linux 操作系统配置 DNS 服务器，可以使用 bind，bind 是一种开源的 DNS 协议的实现，包含对域名的查询和响应所需的所有软件。它是互联网上使用最广泛的一种 DNS 服务器。如果采用 RPM 方式安装 bind，可以安装以下组件：

bind，提供了域名服务的主要程序及相关文件。

bind-utils，提供了对 DNS 服务器的测试工具程序（如 nslookup、dig 等）。

bind-chroot，为 bind 提供一个伪装的根目录以增强安全性（将"/var/named/chroot/"文件夹作为 bind 的根目录）。

caching-nameserver，为配置 bind 作为缓存域名服务器提供必要的默认配置文件，这些文件在配置主、从域名服务器时也可以作为参考，实际上只是提供了一些配置样例文件，对于熟悉 bind 配置文件的系统管理员来说，也可以不用安装该软件包。

查询是否安装了 bind：

```
[root@localhost ~]# rpm -qa|grep bind
bind-chroot-9.3.4-6.P1.el5
ypbind-1.19-8.el5
bind-libs-9.3.4-6.P1.el5
bind-9.3.4-6.P1.el5
bind-utils-9.3.4-6.P1.el5
```

### 2. bind 主配置文件

bind 的配置文件格式比较复杂，可以复制样例文件进行相应的修改。除非对配置文件内容非常了解，否则手动写入容易出错。如果没有安装 bind-chroot 软件包，则主配置文件默认位于 /etc/named.conf，数据文件默认保存在 /var/named/ 目录。本例由于已经安装 bind-chroot 软件包，故主配置文件保存在 /var/named/chroot/etc/named.conf 目录下，数据文件保存在 /var/named/chroot/var/named/目录下。因此执行以下操作：

```
[root@localhost ~]# cp /etc/named.caching-nameserver.conf/var
```

/named/chroot/etc/named.conf

```
[root@localhost ~]# cat /var/named/chroot/etc/named.conf
//
// named.caching-nameserver.conf
//
// Provided by Red Hat caching-nameserver package to configure the
// ISC BIND named (8) DNS server as a caching only nameserver
// (as a localhost DNS resolver only).
//
// See /usr/share/doc/bind*/sample/ for example named configuration
files.
//
// DO NOT EDIT THIS FILE - use system-config-bind or an editor
// to create named.conf - edits to this file will be lost on
// caching-nameserver package upgrade.
//
options {
        listen-on port 53 { 127.0.0.1;192.168.1.107 };    #ipv4 监听
端口

        listen-on-v6 port 53 { ::1; };    #ipv6 监听端口
        directory        "/var/named";        #各 DNS 区域的数据文件默认存放
目录

        dump-file        "/var/named/data/cache_dump.db";
        statistics-file "/var/named/data/named_stats.txt";
        memstatistics-file "/var/named/data/named_mem_stats.txt";
        query-source    port 53;
        query-source-v6 port 53;
        allow-query     { any; };    #允许 DNS 查询的客户机地址
};
logging {
        channel default_debug {
                file "data/named.run";
                severity dynamic;
        };
};
view localhost_resolver {
        match-clients     { any; };
        match-destinations { any; };
        recursion yes;
```

```
            include "/etc/named.rfc1912.zones";
};
```

options 内的语句属于定义服务器的全局选项，如果出现多个 options 语句，则第一个起作用。如果没有 options 语句，则每个选项使用缺省值。在以上配置内容中，除了 directory 项通常保留以外，其他的配置项都可以省略。若不指定 listen-on 配置项，named 默认在所有可用的 IP 地址上监听服务。服务器处理客户端的 DNS 解析请求时，如果在 named.conf 文件中找不到相匹配的区域，将会向根域服务器或者指定的其他 DNS 服务器提交查询。

### 3. bind 区域文件

在/etc/named.rfc1912.zones 文件中定义区域文件的名称和类型，如下所示：

```
# vim /etc/named.rfc1912.zones
zone "xy.com" IN {                    #需要解析的正向区域 xy.com
        type master;
        file "named.xy.com";          #正向区域文件名
};


zone "1.168.192.in-addr.arpa" IN {   #需要解析的反向区域
        type master;
        file "named.192.168.1";       #反向区域文件名
};
```

定义完毕后需要在对应的目录中建立对应的区域解析文件（数据文件）。本例中存放区域数据文件目录为/var/named/chroot/var/named，其下存放了正向与反向区域解析文件。

```
[root@localhost named]# pwd
/var/named/chroot/var/named
[root@localhost named]#
[root@localhost named]# ls
data              named.192.168.1  named.ip6.local  named.zero
localdomain.zone  named.broadcast  named.local      slaves
localhost.zone    named.ca         named.xy.com
[root@localhost named]# cat named.xy.com
$TTL    86400       #生存期，默认单位为秒
@               IN SOA  xy.com.       root.xy.com. (
                                42          ; serial (d. adams)
                                3H          ; refresh
                                15M         ; retry
                                1W          ; expiry
                                1D )        ; minimum


                IN NS         ns1.xy.com.
```

```
ns1             IN A            192.168.1.107        #此区域正向解析记录
www             IN A            192.168.1.106
ftp             IN A            192.168.1.105
[root@localhost named]# cat named.192.168.1
$TTL    86400
@       IN      SOA     1.168.192.in-addr.arpa.  root.xy.com.  (
                                1997022700 ; Serial
                                28800      ; Refresh
                                14400      ; Retry
                                3600000    ; Expire
                                86400 )    ; Minimum
        IN      NS      ns1.xy.com.           #此区域反向解析记录
107     IN      PTR     ns1.xy.com.
106     IN      PTR     www.xy.com.
105     IN      PTR     ftp.xy.com.
```

在正向和反向区域解析文件中出现的记录类型如下：

NS 域名服务器（Name Server）记录：解析服务器记录。用来表明由哪台服务器对该域名进行解析。这里的 NS 记录只对子域名生效。例如用户希望由 12.34.56.78 这台服务器解析 news.mydomain.com，则需要设置 news.mydomain.com 的 NS 记录。

MX 邮件交换（Mail Exchange）记录：邮件交换记录。用于将以该域名为结尾的电子邮件指向对应的邮件服务器进行处理。如用户所用的邮件是以域名 mydomain.com 为结尾的，则添加该域名的 MX 记录来处理所有以@mydomain.com 结尾的邮件。

A 地址（Address）记录：又称 IP 指向，用户可以在此设置子域名并指向到自己的目标主机地址上，从而实现通过域名找到服务器。

CNAME 别名（Canonical Name）记录：通常称别名指向。用户可以为一个主机设置别名。比如设置 test.mydomain.com，用来指向一个主机 www.ml.tc，那么以后就可以用 test.mydomain.com 来代替访问 www.ml.tc 了。

PTR 指针（Point）记录：只用在反向解析的区域数据文件中。

### 4. 检测配置文件语法

由于 DNS 配置文件与数据文件较多，格式较复杂，容易出错，因此 bind 专门提供了检测配置文件语法的工具，可以很容易检测出问题出在哪一行。

```
[root@localhost etc]# named-checkconf named.conf
/etc/named.rfc1912.zones:56: missing ';' before 'zone'
```

此命令输出说明问题出在 named.rfc1912.zones 文件的 56 行前后，少了一个分号，修改即可。也可检测区域数据文件是否出错。

```
[root@localhost named]# named-checkzone xy.com named.xy.com
zone xy.com/IN: loaded serial 42
OK
```

由此可看出 xy.com 区域数据文件并没有问题。

检测完毕后可以启动 named 服务，如果启动失败，可以查看/var/log/messages 日志文件，根据报错的信息相应地修改。

## 9.2.2　配置 DNS 客户端

### 1. 配置 Windows 客户端

对于 Windows 主机，只要运行相应的 DNS 客户端服务器就能够进行域名的解析了。首先配置 Windows 主机的首选 DNS 服务器，如图 9-6 所示。

Internet 协议 (TCP/IP) 属性
常规
备用配置
如果网络支持此功能，则可以获取自动指派的 IP 设置。否则，您需要从网络系统管理员处获得适当的 IP 设置。
自动获得 IP 地址(O)
使用下面的 IP 地址(S):
IP 地址(I):
子网掩码(U):
默认网关(D):
自动获得 DNS 服务器地址(B)
使用下面的 DNS 服务器地址(E):
首选 DNS 服务器(P): 192 . 168 . 1 . 107
备用 DNS 服务器(A):
高级(V)...
确定
取消

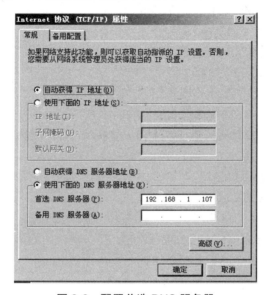

图 9-6　配置首选 DNS 服务器

配置完毕后，可使用 nslookup 进行域名解析，测试 DNS 服务器是否可用。现对 xy.com 区域的主机域名进行查询，是否可以返回正确的 IP 地址？如果可以返回 IP，表示正向解析无问题。再使用 IP 查询域名，反向解析也无问题，如图 9-7 所示。

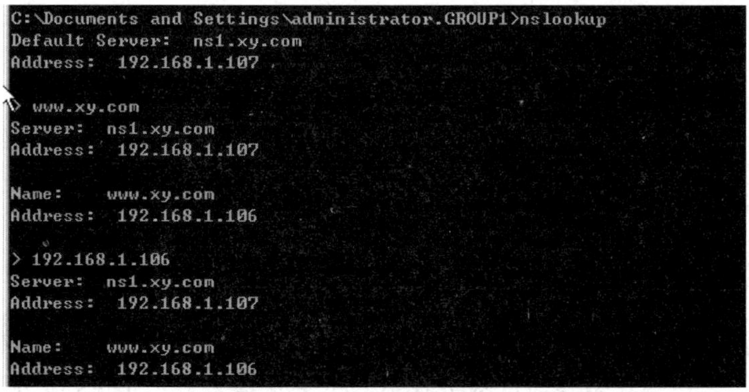

C:\Documents and Settings\administrator.GROUP1>nslookup
Default Server: ns1.xy.com
Address: 192.168.1.107
> www.xy.com
Server: ns1.xy.com
Address: 192.168.1.107
Name: www.xy.com
Address: 192.168.1.106
> 192.168.1.106
Server: ns1.xy.com
Address: 192.168.1.107
Name: www.xy.com
Address: 192.168.1.106

图 9-7　nslookup 解析域名

## 2. 配置 Linux 客户端

如客户端为 Linux 操作系统，可以编辑配置文件修改首选 DNS 服务器地址。

```
[root@localhost named]# cat /etc/resolv.conf
; generated by /sbin/dhclient-script
nameserver 192.168.1.107                 #修改首选 DNS 服务器
nameserver 61.128.192.68
```

修改完毕即可使用 nslookup 命令测试域名解析。

```
[root@localhost named]# nslookup
> server
Default server: 192.168.1.107
Address: 192.168.1.107#53
Default server: 61.128.192.68
Address: 61.128.192.68#53
> www.xy.com
Server:        192.168.1.107
Address:       192.168.1.107#53

Name:   www.xy.com
Address: 192.168.1.106
> ftp.xy.com
Server:        192.168.1.107
Address:       192.168.1.107#53

Name:   ftp.xy.com
Address: 192.168.1.105
>
> 192.168.1.105
Server:        192.168.1.107
Address:       192.168.1.107#53

105.1.168.192.in-addr.arpa     name = ftp.xy.com.
>
```

测试通过，DNS 服务器可以进行正向、反向解析。

## 3. 客户端通过 DHCP 动态获取 DNS 服务器地址

由于在每台主机上配置首选 DNS 服务器的工作较烦琐，因此可以在 DHCP 服务器上配置 DNS 服务器地址，客户端只需要通过网络联系 DHCP 服务器获取 DNS 服务器地址即可。这在前面的章节中已经讲过，这里不再赘述。

## 📖 扩展任务

搭建一台 DNS 服务器，不需要建立区域，只配置转发，并在客户端通过此 DNS 服务器进行域名解析。转发可在 named.conf 文件中通过 forward 关键字配置。

```
# vim /etc/named.rfc1912.zones
zone "xy.com" IN {
        type forward;
        forwards {192.168.1.107;};
};
```

## ● 小　结

本章主要讲解 DNS 服务器的配置与管理，首先应理解何为 DNS 服务器、域名系统的结构及域名的查询过程。并能通过 bind 软件搭建 DNS 服务器，能解决不同操作系统客户端解析域名的需求。DNS 是 Domain Name System 的缩写，即域名系统。DNS 服务主要功能是将域名转换为相应的 IP 地址，提供 DNS 服务的系统就是 DNS 服务器，形如它能够把 www.baidu.com 这样的域名转换为 61.135.169.125 这样的 IP 地址。DNS 服务器可以分为 3 种，即主域名服务器（Master DNS）、辅助域名服务器（Slave DNS）、缓存服务器。

Master DNS：本身提供 DNS 服务，并且本身含有区域数据文件。

Slave DNS：和 MasterDNS 一起提供 DNS 服务，当 Master 服务器上的配置信息修改的时候，会同步更新到 Slave 服务器上。

缓存服务器：没有自己的区域数据文件，只是帮助客户端向外部 DNS 请求查询，然后将查询的结果保存到它的缓存中。

在 Linux 系统中 DNS 服务器的功能是通过 bind 软件实现的，几乎每个 Linux 发行版都自带了这个 DNS 服务软件。

## ● 习　题

利用 bind 软件将主机 dns.linux.net 制作成一个 DNS 服务器，具体要求如下：

（1）该服务器负责正向区域 linux.net 的解析，且 IP 地址为 192.168.5.1。
（2）linux.net 区域的域名服务器为 dns.linux.net，且该主机名的 IP 为 192.168.5.1。
（3）如果 dns.linux.net 不能解析某个域名，该 DNS 服务器会转发给 192.168.5.10。
（4）在 linux.net 区域中分别建立记录 www 指向 192.168.5.1，mail 主机指向 192.168.5.2。
（5）linux.net 区域内的 mail 服务器为 mail.linux.net。

# 第 10 章

# 配置 LAMP

不管学习、生活还是娱乐，人们都离不开各类网站，这些网站一般都属于动态网站。动态网站并不是指具有动画功能的网站，而是指网站内容可根据不同情况动态变更的网站，一般情况下动态网站通过数据库进行架构。动态网站除了要设计网页外，还要通过数据库和编程序来使网站具有更多自动的和高级的功能。动态网站体现在网页一般是以 asp、jsp、php，aspx 等结尾，而静态网页一般是 html 标准通用标记语言的子集）结尾，动态网站服务器空间配置要比静态的网页要求高，费用也相应地高，不过动态网页利于网站内容的更新，适合企业建站，当今流行的动态网站架构为 LAMP。

## 📖 学习目标

- □ 了解 LAMP 平台及其构成
- □ 熟练配置 LAMP 环境
- □ 熟练配置 httpd 服务
- □ 理解虚拟主机
- □ 熟练配置虚拟主机

## 📖 相关知识

## 10.1  构建 LAMP 网站服务平台

Linux+Apache+MySQL/MariaDB+Perl/PHP/Python 是一组常用来搭建动态网站或者服务器的开源软件，本身都是各自独立的程序，但是因为常被放在一起使用，就拥有了越来越高的兼容度，共同组成了一个强大的 Web 应用程序平台。随着开源潮流的蓬勃发展，开放源代码的 LAMP 已经与 J2EE 和.net 商业软件形成三足鼎立之势，并且该软件开发的项目在软件方面的投资成本较低，因此受到整个 IT 界的关注。从网站的流量上来说，70%以上的访问流量是 LAMP 提供的，可以说 LAMP 是最强大的网站解决方案。

## 10.1.1　LAMP 平台概述

### 1.　Apache 简介

Apache HTTP Server（简称 Apache）是 Apache 软件基金会的一个开放源码的网页服务器，可以在大多数计算机操作系统中运行，它由于多平台和安全性高而被广泛使用，是最流行的 Web 服务器端软件之一。

Apache HTTP 服务器是一个模块化的服务器，源于 NCSAhttpd 服务器，经过多次修改，成为世界使用排名第一的 Web 服务器软件。Apache 取自 "a patchy server" 的读音，意思是充满补丁的服务器，因为它是自由软件，所以不断有人来为它开发新的功能、新的特性、修改原来的缺陷。Apache 的特点是简单、速度快、性能稳定，并可做代理服务器使用。

本来它只用于小型或试验 Internet 网络，后来逐步扩充到各种 UNIX 系统中，尤其对 Linux 的支持相当完美。到目前为止，Apache 仍然是世界上用得最多的 Web 服务器，市场占有率达60%左右。世界上很多著名的网站如 Amazon、Yahoo!、W3 Consortium、Financial Times 等都是 Apache 的产物，它的成功之处主要在于它的源代码开放、有一支开放的开发队伍、支持跨平台的应用（可以运行在几乎所有的 UNIX、Windows、Linux 系统平台上）以及它的可移植性等方面。

Apache 的诞生极富有戏剧性。当 NCSAWWW 服务器项目停顿后，那些使用 NCSAWWW 服务器的用户开始交换他们用于该服务器的补丁程序，他们也很快认识到成立管理这些补丁程序的论坛是必要的。就这样，诞生了 Apache Group，后来这个团体在 NCSA 的基础上创建了 Apache。图 10-1 所示为 Apache 官方网站，可下载 Apache 安装配置。

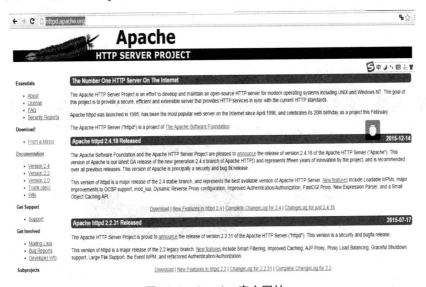

图 10-1　Apache 官方网站

Apacheweb 服务器软件拥有以下特性：

（1）支持最新的 HTTP/1.1 通信协议。

（2）拥有简单而强有力的基于文件的配置过程。

（3）支持通用网关接口。

（4）支持基于 IP 和基于域名的虚拟主机。

（5）支持多种方式的 HTTP 认证。

（6）集成 Perl 处理模块。

（7）集成代理服务器模块。

（8）支持实时监视服务器状态和定制服务器日志。

（9）支持服务器端包含指令（SSI）。

（10）支持安全 Socket 层（SSL）。

（11）提供用户会话过程的跟踪。

（12）支持 FastCGI。

（13）通过第三方模块可以支持 JavaServlets。

## 2. MySQL 简介

MySQL 是一个关系型数据库管理系统，由瑞典 MySQL AB 公司开发，目前属于 Oracle 旗下公司。MySQL 是最流行的关系型数据库管理系统之一，在 Web 应用方面，MySQL 是最好的 RDBMS（Relational Database Management System，关系数据库管理系统）应用软件之一。MySQL 是一种关系数据库管理系统，关系数据库将数据保存在不同的表中，而不是将所有数据放在一个大仓库内，这样就加快了速度并提高了灵活性。MySQL 所使用的 SQL 语言是用于访问数据库的最常用标准化语言。MySQL 软件采用了双授权政策，它分为社区版和商业版，由于其体积小、速度快、总体拥有成本低，尤其是开放源码这一特点，一般中小型网站的开发都选择 MySQL 作为网站数据库。由于其社区版的性能卓越，因此搭配 PHP 和 Apache 可组成良好的开发环境。图 10-2 所示为 MySQL 的官方网站，可下载 MySQL 安装配置。

图 10-2　MySQL 官方网站

MySQL 拥有以下特性：

（1）使用 C 和 C++编写，并使用了多种编译器进行测试，保证了源代码的可移植性。

（2）支持 AIX、FreeBSD、HP-UX、Linux、Mac OS、NovellNetware、OpenBSD、OS/2 Wrap、Solaris、Windows 等多种操作系统。

（3）为多种编程语言提供了 API。这些编程语言包括 C、C++、Python、Java、Perl、PHP、Eiffel、Ruby、.Net 和 Tcl 等。

（4）支持多线程，充分利用 CPU 资源。

（5）优化的 SQL 查询算法，有效地提高查询速度。

（6）既能够作为一个单独的应用程序应用在客户端服务器网络环境中，也能够作为一个库而嵌入其他的软件中。

（7）提供多语言支持，常见的编码如中文的 GB 2312、BIG5，日文的 Shift_JIS 等都可以用作数据表名和数据列名。

（8）提供 TCP/IP、ODBC 和 JDBC 等多种数据库连接途径。

（9）提供用于管理、检查、优化数据库操作的管理工具。

（10）支持大型的数据库，可以处理拥有上千万条记录的大型数据库。

（11）支持多种存储引擎。

（12）MySQL 是开源的，所以不需要支付额外的费用。

（13）MySQL 使用标准的 SQL 数据语言形式。

（14）MySQL 对 PHP 有很好的支持作用，PHP 是目前最流行的 Web 开发语言。

（15）MySQL 是可以定制的，采用了 GPL 协议，用户可以修改源代码来开发自己的 MySQL 系统。

### 3. PHP 简介

PHP 原始为 Personal Home Page 的缩写，已经正式更名为"PHP: Hypertext Preprocessor"。注意不是"Hypertext Preprocessor"的缩写，这种将名称放到定义中的写法被称作递归缩写。PHP 于 1994 年由 Rasmus Lerdorf 创建，刚刚开始是 Rasmus Lerdorf 为了维护个人网页而制作的一个简单的用 Perl 语言编写的程序。这些工具程序用来显示 Rasmus Lerdorf 的个人履历，以及统计网页流量。后来又用 C 语言重新编写，包括可以访问数据库。他将这些程序和一些表单直译器整合起来，称为 PHP/FI。PHP/FI 可以和数据库连接，产生简单的动态网页程序。图 10-3 所示为 PHP 的官方网站，可下载 PHP 安装配置。

PHP 的特性包括：

（1）PHP 独特的语法混合了 C、Java、Perl 及 PHP 自创新的语法。

（2）PHP 可以比 CGI 或者 Perl 更快速地执行动态网页——动态页面，与其他的编程语言相比，PHP 是将程序嵌入 HTML 文档中去执行，执行效率比完全生成 HTML 标记的 CGI 要高许多。

（3）PHP 支持几乎所有流行的数据库以及操作系统。

（4）PHP 可以用 C、C++进行程序的扩展。

PHP 的优势包括：

（1）开放源代码。所有的 PHP 源代码事实上都可以得到。

（2）免费性。和其他技术相比，PHP 本身免费且是开源代码。

（3）快捷性。程序开发快，运行快，技术本身学习快。嵌入于 HTML：因为 PHP 可以被嵌入于 HTML 语言，它相对于其他语言编辑简单、实用性强，更适合初学者。

（4）跨平台性强。由于 PHP 是运行在服务器端的脚本，可以运行在 UNIX、Linux、Windows、Mac OS、Android 等平台。

（5）效率高。PHP 消耗相当少的系统资源。

（6）图像处理。用 PHP 动态创建图像，PHP 图像处理默认使用 GD2。且也可以配置为使用 image magick 进行图像处理。

（7）面向对象。在 PHP4、PHP5 中，面向对象方面都有了很大的改进，PHP 完全可以用来开发大型商业程序。

（8）专业专注。PHP 以支持脚本语言为主，同为类 C 语言。

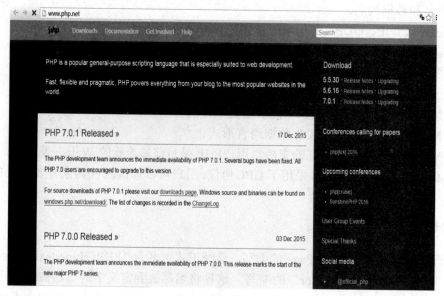

图 10-3　PHP 官方网站

## 10.1.2　httpd 服务基础

### 1. 安装 Apache

在 Linux 操作系统中安装 Apache 无外乎两种方式：源代码安装和二进制包安装。这两种安装方式各有特色，二进制包安装不需要编译，而源代码安装则需要先配置编译再安装，二进制包安装在一个固定的位置下，选择固定的模块，而源代码安装则可以让用户选择安装路径，选择用户想要的模块。本章节直接从 CentOS 光盘中获取 Apache 的 RMP 软件包。

```
[root@localhost ~]# rpm -qa|grep httpd
httpd-2.2.3-11.el5_1.centos.3
httpd-manual-2.2.3-11.el5_1.centos.3
```

```
system-config-httpd-1.3.3.3-1.el5
httpd-devel-2.2.3-11.el5_1.centos.3
[root@localhost ~]#
```

一般来说，只需要安装 httpd 软件包即可满足 Web 服务器的需要，无须安装其他软件包。

httpd 软件包是 Apache 服务器程序的软件包。

httpd-manual 软件包是 Apache 服务器的手册文档。

system-config-httpd 软件包是 Apache 的图形化配置工具。

httpd-devel 软件包是 Apache HTTP 服务器的开发工具包。

## 2. httpd 服务的目录结构

通过 RPM 软件包安装 httpd 服务后，会产生以下目录和文件：

服务器根目录：/etc/httpd/

主配置文件：/etc/httpd/conf/httpd.conf

网页文档目录：/var/www/html/

服务启动脚本：/etc/init.d/httpd

可执行程序：/usr/sbin/httpd

访问日志文件：/var/log/httpd/access_log

错误日志文件：/var/log/httpd/error_log

安装完毕后可将页面存放在网页文档目录，即/var/www/html 目录中，便可启动 httpd 服务，可使用启动脚本，如图 10-4 所示。

```
[root@localhost ~]# /etc/init.d/httpd start
```

启动 httpd:                                                    [确定]

也可使用 service 命令启动 httpd 服务。

```
[root@localhost ~]# service httpd start
```

启动 httpd:                                                    [确定]

图 10-4　访问首页

## 3. httpd 主配置文件

httpd 主配置文件中分为全局配置和区域配置。全局配置一般作用于整个服务器，而区域配置只作用于某个范围，比如一个目录。

```
[root@localhost ~]# vi /usr/local/apache2/conf/httpd.conf
# This is the main Apache server configuration file ......    #此为注释
信息
ServerRoot   "/etc/httpd"                        #此为全局配置
ServerName   www.benet.com
......
<Directory />
    ......                                         #此为区域配置
</Directory>
    ......
<Location /server-status>
    ......
</Location>
......
```

常用的全局配置如下：

ServerRoot：服务器根目录，默认为/etc/httpd 目录。

ServerAdmin：管理员邮箱地址。

User：运行服务的用户身份，默认为 apache 用户。

Group：运行服务的组身份，默认为 apache 组。

ServerName：网站服务器的域名，如不设置会自动设置为 127.0.0.1。

DocumentRoot：网页文档的根目录，如放置在首页的 index.html。

Listen：监听的 IP 地址、端口号，默认为 80 端口。

PidFile：保存 httpd 进程 PID 号的文件。

DirectoryIndex：默认的索引页文件名。

ErrorLog：错误日志文件的位置。

CustomLog：访问日志文件的位置。

LogLevel：记录日志的级别，默认为 warn。

Timeout：网络连接超时，默认为 300 秒。

KeepAlive：是否保持连接，可选 On 或 Off。

MaxKeepAliveRequests：每次连接最多请求文件数。

KeepAliveTimeout：保持连接状态时的超时时间。

Include：需要包含进来的其他配置文件。

区域配置的常用设置项：

```
<Directory "/var/www/html">
  Options Indexes FollowSymLinks
  AllowOverride None
  Order allow,deny
  Allow from all
```

```
</Directory>
```

Options 后各项表示不同的含义:

Indexes 表示当网页不存在的时候允许索引显示目录中的文件。

FollowSymLinks 表示是否允许访问符号链接文件。

ExecCGI 表示是否使用 CGI, 如 Options Includes ExecCGI FollowSymLinks 表示允许服务器执行 CGI 及 SSI,禁止列出目录。

SymLinksOwnerMatch 表示当符号链接的文件和目标文件为同一用户拥有时才允许访问。

AllowOverride None 表示不允许这个目录下的访问控制文件来改变这里的配置,这也意味着不用查看这个目录下的访问控制文件,修改为 AllowOverride All,表示允许.htaccess。

Order 表示对页面的访问控制顺序后面的一项是默认选项如 allow,deny 则默认是 deny。

Allow from all 表示允许所有的用户,通过和上一项结合可以控制对网站的访问。

## 10.1.3　Web 站点的典型应用

### 1. 建立系统用户的个人主页

Apache 可为每个 Linux 系统用户建立个人主页。此功能默认是关闭的,需要修改 httpd.conf 中的 UserDir 设置项。

```
<IfModule mod_userdir.c>
    #
    # UserDir is disabled by default since it can confirm the presence
    # of a username on the system (depending on home directory
    # permissions).
    #
    #UserDir disable              #注释掉此项


    #
    # To enable requests to /~user/ to serve the user's public_html
    # directory, remove the "UserDir disable" line above, and uncomment
    # the following line instead:
    #
    UserDir public_html           #取消此项的注释
```

由此定义了用户个人主页的存放目录为用户宿主目录的 public_html 目录。

```
[root@localhost ~]# cd /home/xy
[root@localhost xy]# mkdir public_html
[root@localhost xy]# cd public_html/
[root@localhost public_html]# cat index.html
```

这是 xy 的个人主页！

最后需要修改用户宿主目录的权限，因为宿主目录权限为 700，而访问网页的时候使用的是匿名访问，因此需要开放 other 的 x 权限，否则无法取得个人主页文件。

```
[root@localhost public_html]# chmod 701 /home/xy
```

用户个人主页访问可使用 URL，格式为 http://IP 或域名/~用户名，如图 10-5 所示。

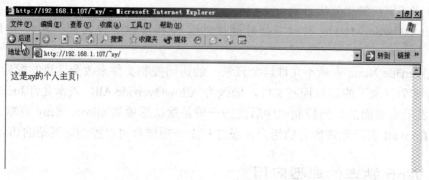

图 10-5  访问用户的个人主页

## 2. 个人主页目录访问控制

前面访问用户个人主页时是不需要认证的，任何用户都可以通过浏览器访问用户的个人主页，如果想要加入认证的功能，就必须对相应的目录进行配置。如对用户的个人主页存放目录进行身份认证，可以修改 httpd 文件的如下配置：

```
<Directory /home/*/public_html>
    AllowOverride FileInfo AuthConfig Limit    #其中 AuthConfig 表
示.htaccess 中的认证语句生效
    Options MultiViews Indexes SymLinksIfOwnerMatch IncludesNoExec
#    <Limit GET POST OPTIONS>
#        Order allow,deny
#        Allow from all
#    </Limit>
#    <LimitExcept GET POST OPTIONS>
#        Order deny,allow
#        Deny from all
#    </LimitExcept>
</Directory>
```

建立分布式配置文件.htaccess 对目录进行认证功能。

```
[root@localhost public_html]# cat .htaccess
AuthType basic
AuthName  "enter username,please"
AuthUserFile /password
Require user xy
```

建立用户的认证文件，如上配置的/password 文件。

```
[root@localhost public_html]# htpasswd -c /password xy
New password:
Re-type new password:
Adding password for user xy
```

再次访问用户的个人主页，如图 10-6 所示，需要输入用户名和密码，表示认证功能设置成功。

图 10-6 再次访问用户的个人主页

### 3. 构建虚拟主机

虚拟主机即在同一台服务器中运行多个 Web 站点的应用，其中每一个站点并不独立占用一台真正的计算机。如果不使用虚拟主机，在默认情况下，只能把 Web 站点内容全部存放在网页文档根目录中（若不使用虚拟目录）。

httpd 支持的虚拟主机类型：

（1）基于域名的虚拟主机。编辑 httpd 文件，定位到文件的最后，取消相应的注释即可。

```
[root@www htdocs]# vim /usr/local/apache2/conf/httpd.conf
......
NameVirtualHost 192.168.1.107:80
<VirtualHost 192.168.1.107:80>
    DocumentRoot /xy
    ServerName www.xy.com
</VirtualHost>
<VirtualHost 192.168.1.107:80>
    DocumentRoot /ab
    ServerName www.ab.com
</VirtualHost>
```

重启服务后生效。这两个网站需要使用域名访问，因此需要 DNS 服务器的支持，参见第 9 章内容，或可通过本地名称解析文件 hosts 解析域名，如图 10-7 所示。

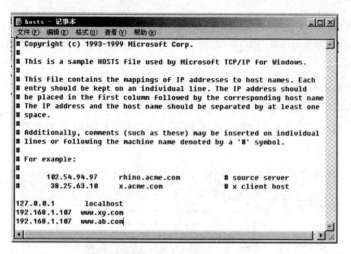

图 10-7　hosts 文件（一）

（2）基于 IP 地址的虚拟主机。编辑 httpd 文件，定位到文件的最后，修改相应的内容即可。

```
[root@www htdocs]# vi /usr/local/apache2/conf/httpd.conf
......
<VirtualHost 192.168.1.107>
    DocumentRoot /xy
    ServerName www.xy.com
</VirtualHost>
<VirtualHost 192.168.1.108>
    DocumentRoot /ab
    ServerName www.ab.com
</VirtualHost>
```

重启服务后生效。这两个网站可以使用不同的 IP 地址访问，也可以使用域名访问。前提是有 DNS 服务器的支持，或 hosts 文件中有响应的解析条目，如图 10-8 所示。

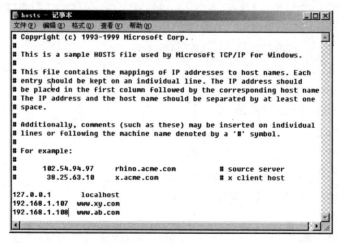

图 10-8　hosts 文件（二）

注意：此 hosts 文件与之前的 hosts 文件内容的区别！

（3）基于端口的虚拟主机。编辑 httpd 文件，定位到文件的最后，修改相应的内容即可。

```
[root@www htdocs]# vi /usr/local/apache2/conf/httpd.conf
......
Listen 80         #需要同时监听不同的端口
Listen 8080
<VirtualHost *:80>
    DocumentRoot /xy
    ServerName www.xy.com
</VirtualHost>
<VirtualHost *:8080>
    DocumentRoot /ab
    ServerName www.ab.com
</VirtualHost>
```

重启服务后生效。这两个网站可以使用不同的 IP 地址访问，也可以使用域名访问，但必须写明端口号，如图 10-9 所示。

基于端口

**图 10-9　基于端口的虚拟主机**

📖 **案例分析与解决**

# 10.2　案例十　配置基于 LAMP 的论坛系统

小杨需要为公司内部搭建一个发布消息、员工交流沟通的平台。小杨最终决定使用 LAMP 架构搭建一个论坛，并在开源软件排行榜中看中了 phpBB 作为论坛软件。

## 10.2.1　安装并配置 LAMP

### 1. 安装 MySQL

通过 RPM 软件包安装 mysql 和 mysql-server 包。

```
[root@localhost public_html]# rpm -qa|grep mysql
mysql-5.0.45-7.el5
```

```
mysql-connector-odbc-3.51.12-2.2
php-mysql-5.1.6-20.el5
libdbi-dbd-mysql-0.8.1a-1.2.2
mysql-server-5.0.45-7.el5
mysql-devel-5.0.45-7.el5
mod_auth_mysql-3.0.0-3.1
```

安装完毕后，启动 mysql 服务，并修改 root 用户密码。

```
[root@localhost ~]# service mysqld start
[root@localhost ~]# mysqladmin -u root password 123456
```

创建一个数据库测试一下。

```
[root@localhost public_html]# mysql -u root -p
Enter password:
Welcome to the MySQL monitor.  Commands end with ; or \g.
Your MySQL connection id is 3
Server version: 5.0.45 Source distribution

Type 'help;' or '\h' for help. Type '\c' to clear the buffer.

mysql> create database xy;
Query OK, 1 row affected （0.00 sec)
```

## 2. 安装 PHP 软件包

本例安装 php、php-devel、php-mysql、gd 软件包。

```
[root@localhost public_html]# rpm -qa | grep php
php-xml-5.1.6-20.el5
php-mbstring-5.1.6-20.el5
php-devel-5.1.6-20.el5
php-common-5.1.6-20.el5
php-cli-5.1.6-20.el5
php-pdo-5.1.6-20.el5
php-gd-5.1.6-20.el5
php-5.1.6-20.el5
php-mysql-5.1.6-20.el5
php-pear-1.4.9-4.el5.1
php-ldap-5.1.6-20.el5
php-xmlrpc-5.1.6-20.el5
```

安装完毕后，建立一个 PHP 测试页，检查 LAMP 环境是否配置正确，如图 10-10 所示。

| System | Linux.localhost.localdomain 2.6.18-92.el5 #1 SMP Tue Jun 10 18:49:47 EDT 2008 i686 |
|---|---|
| Build Date | May 24 2008 14:09:32 |
| Configure Command | './configure' '--build=i686-redhat-linux-gnu' '--host=i686-redhat-linux-gnu' '--target=i386-redhat-linux-gnu' '--program-prefix=' '--p libexecdir=/usr/libexec' '--localstatedir=/var' '--sharedstatedir=/usr/com' '--mandir=/usr/share/man' '--infodir=/usr/share/info' '--c: with-bz2' '--with-curl' '--with-exec-dir=/usr/bin' '--with-freetype-dir=/usr' '--with-png-dir=/usr' '--enable-gd-native-ttf' '--without-gdbm layout=GNU' '--enable-exif' '--enable-ftp' '--enable-magic-quotes' '--enable-sockets' '--enable-sysvsem' '--enable-sysvshm' '--er memory-limit' '--enable-shmop' '--enable-calendar' '--enable-dbx' '--enable-dio' '--with-mime-magic=/usr/share/file/magic.mim disable-dba' '--without-unixODBC' '--disable-pdo' '--disable-xmlreader' '--disable-xmlwriter' |
| Server API | Apache 2.0 Handler |
| Virtual Directory Support | disabled |
| Configuration File (php.ini) Path | /etc/php.ini |
| Scan this dir for | /etc/php.d |

图 10-10　PHP 测试页

## 10.2.2　安装并配置 phpBB

### 1.　安装 phpBB

自 2000 年发布以来，phpBB 已经成为世界上应用最广泛的开源论坛软件之一。与早先的版本一样，phpBB3.0 "Olympus" 拥有易于使用的管理面板和友好的用户安装界面，可以轻松地在数分钟内建立起论坛。

phpBB 是在 MySQL 数据库上用 PHP 后端语言编写的 UBB 风格的讨论板。它支持邮寄/回复/编辑信息，可设置个人信息、个人论坛、用户和匿名邮件、讨论主题等，通过提交或其他的特殊的顺序排队用户，可定义管理、排队等功能。它具有很高的可配置性，能够完全定制出相当个性化的论坛。

phpBB 具有友好的用户界面，使用了当今网络上流行的 PHP 语言工作，可以搭配 MySQL、MS-SQL、PostgreSQL 和 Access/ODBC 等数据库系统使用，大多数网站适合用它来搭建论坛系统。软件的开发成员来自开源社区，是一个国际性的开源项目。自 2000 年 6 月开始开发项目以来，各开发成员坚持开源精神，为软件的稳定性、可用性贡献了各自的力量。

首先从 phpBB 官方网站下载此软件的安装包，解压到网站的文档根目录，解压后会产生一系列的文件和目录。

```
[root@localhost ~]# cd /var/www/html/phpbb
[root@localhost phpbb]# ls
Adm  docs          includes    memberlist.php    style.php
viewtopic.php
  cache   download index.php posting.php    styles
```

```
common.php   faq.php    install    report.php   ucp.php
config.php   files      language   search.php   viewforum.php
cron.php     images     mcp.php    store        viewonline.php
```

### 2. 配置 phpBB

通过浏览器配置 phpBB，在地址栏中输入 http://IP 或域名/目录/index.php，如图 10-11 所示。

图 10-11　配置 phpBB

单击"全新安装"，开始配置 phpBB。配置过程会检测是否满足安装需求，根据提示修改相应设置，如图 10-12 所示。

图 10-12　配置 phpBB

配置完毕后就可以进入论坛首页了，如图 10-13 所示。

图 10-13　phpBB 论坛首页

## 📖 扩展任务

安装配置 Discuz!论坛软件系统。Crossday Discuz! Board（简称 Discuz!）是北京康盛新创科技有限责任公司推出的一套通用的社区论坛软件系统。自 2001 年 6 月面世以来，Discuz!已拥有 14 年以上的应用历史和 200 多万网站用户案例，是全球成熟度最高、覆盖率最大的论坛软件系统之一。目前最新版本 Discuz! X3.2 正式版于 2015 年 6 月 9 日发布，首次引入应用中心的开发模式。2010 年 8 月 23 日，康盛新创与腾讯达成收购协议，成为腾讯的全资子公司。

## ● 小　结

本章主要介绍 LAMP 架构。重点在于 Apache 的配置，从如何搭建 LAMP 环境、Apache 的具体配置，到 LAMP 应用。学完本章，应了解 LAMP 平台及其构成，熟练配置 LAMP 环境，并能够根据需求配置 Apache 服务器，理解何为虚拟主机，熟练配置基于域名、IP、端口的虚拟主机。最终可以在 LAMP 环境中安装各种应用系统。

## ● 习　题

一、建立 http://www.apache.com 网站

1. 安装 Apache 服务器端软件。

2．在/var/www/html 目录下建立 index.html 主页，内容如下：

```
<html>
<body>
this is www.apache.com web
</body>
</html>
```

3．启动 httpd 服务。

4．在 Windows 上打开 c：/windows/system32/drivers/etc/hosts，在此文件中写入以下信息：

```
192.168.2.6  www.apache.com      #注意这里的 IP 地址是用户 Web 服务器的 IP
             www.zdsoft.com
```

然后打开浏览器，输入 http://www.apache.com

二、配置每个用户的 Web 站点

1．创建两个用户 stu1 和 stu2，分别设置密码。

2．为这两个用户的主目录设置权限为 711。

3．编辑/etc/httpd/conf/httpd.conf 文件，修改以下选项：

```
UserDir  html
```

在这两个用户的主目录中分别创建一个目录/html，并在此目录下创建用户的主页文件 index.html，内容如下：

```
<html>
<body>
this is stu1 web
</body>
</html>


<html>
<body>
this is stu2 web
</body>
</html>
```

在 Windows 上打开浏览器，用 http://www.apache.com/~stu1 这种方式分别访问 stu1 和 stu2 的主页。

三、设置实现基于名字的虚拟主机服务

1．编辑/etc/httpd/conf/httpd.conf 文件：

```
NameVirtualHost  192.168.2.6:80
<VirtualHost  192.168.2.6:80>
DocumentRoot  "/home/stu1/html"
ServerName  stu1.apache.com
</VirtualHost>
```

```
<VirtualHost  192.168.2.6:80>
     DocumentRoot  "/home/stu2/html"
     ServerName  stu2.apache.com
     </VirtualHost>
```

2. 在 Windows 中打开 hosts 文件，编辑以下内容：

```
192.168.2.6  stu1.apache.com
192.168.2.6  stu2.apache.com
```

# 第 11 章

# 配置邮件服务

电子邮件是 Internet 上最为流行的应用之一。在 Internet 越来越普及的今天，电子邮件已经取代了传统的纸质信件。与传统的纸质信件相同的是，电子邮件也是异步的，也就是说用户是在方便的时候发送和阅读邮件的，无须预先与别人协同。与传统的纸质信件不同的是，电子邮件既迅速，又易于分发，而且成本低廉。另外，现代的电子邮件消息可以包含超链接、HTML 格式文本、图像、声音甚至视频数据，极大地丰富了人们通信的方式。

📖 **学习目标**

 ☐ 理解邮件系统的组成
 ☐ 熟悉邮件相关协议
 ☐ 熟练安装并配置 Postfix 服务器
 ☐ 熟练安装并配置 Dovecot 服务器
 ☐ 掌握发信认证及 Webmail 系统

📖 **相关知识**

## 11.1 构建 Postfix 邮件服务器

Postfix 是一种电子邮件服务器端软件，它是由任职于 IBM 华生研究中心（T.J. Watson Research Center）的荷兰籍研究员 Wietse Venema 为了改良 Sendmail 邮件服务器（Sendmail 是目前使用最为广泛的一种 e-mail 服务器，配置较为复杂）而开发的。最早在 20 世纪 90 年代晚期出现，是一个开放源代码的软件。

### 11.1.1 电子邮件系统概述

电子邮件系统（electronic mail system，e-mail）由邮件用户代理 MUA（mail user agent）以及邮件传输代理 MTA（mail transfer agent）、MDA（mail delivery agent）邮件分发代理组成。MUA 指用于收发邮件的程序，MTA 指将来自 MUA 的信件转发给指定用户的程序，MDA 就是将 MTA 接收的信件依照信件的流向（送到哪里）将该信件放置到本机账户下的邮件文件中（收件箱）。当用户从 MUA 中发送一封邮件时，该邮件会被发送到 MTA，而后在一系列 MTA

中转发，直到到达最终发送目标为止。

### 1. 邮件系统角色

电子邮件服务是基于 C / S（客户机/服务器）模式的，对一个完整的电子邮件系统而言，它主要由以下几部分组成：

（1）MUA（mail user agent）：即邮件用户代理。不论是送信件还是收信件，客户端都需要通过各个操作系统提供的 MUA 才能够使用邮件系统。比如 Windows 里的 OutLook Express、GNOME 里的 Evolution 都是 MUA。MUA 主要的功能就是接收邮件主机的电子邮件，并提供用户浏览与编写邮件的功能。MUA 是用于客户端的软件，同时也是用户和 MTA 之间的接口。

（2）MTA（mail transfer agent）：即邮件传输代理。一般被称为邮件服务器软件，负责接收客户端软件发送的邮件，并将邮件传输给其他的 MTA 程序，是电子邮件系统中的核心部分。电子邮件的传输主要依靠 MTA 来完成，它负责邮件存储和转发。MTA 根据电子邮件的地址找出相应的邮件服务器，将信件在服务器之间传输并将收到的邮件进行缓冲或者选择送往下一个 MTA 主机。本章节将要学习的 Postfix 属于 MTA 类软件。

（3）MDA（mail delivery agent）：即邮件分发代理。MDA 主要的功能就是将 MTA 接收的信件依照信件的流向（送到哪里）将该信件放置到本机账户下的邮件文件中（收件箱），或者再经由 MTA 将信件送到下个 MTA。如果信件的流向是到本机，这个邮件代理的功能就不只是将由 MTA 传来的邮件放置到每个用户的收件箱，它还具有邮件过滤等其他相关功能。

此外，还必须提到 mailbox（收件箱），它就是主机上一个目录下某个人专门用来接收信件的文件。比如 Linux 的系统管理员 root 在默认情况下会有个信箱，默认就是/var/spool/mail/root 文件（每个账号都会有一个自己的信箱），当 MTA 收到 root 的信件时，就会将该信件存到/var/spool/mail/root 文件中，用户可以通过程序将这个文件里的信件数据读取出来。

了解了 MUA、MTA 与 MDA 之后，再来了解它们是如何协同工作将信件寄出去的。可以分为以下几个步骤：

（1）用户利用 MUA 寄信件到 MTA。通常使用 MUA（例如 Outlook Express）写信时，要写明发信人和收信人的电子邮箱地址。此地址的格式为 account@e-mail.server，其中，e-mail.server 为邮件服务器的域名后缀，account 就是该邮件服务器中的账号。图 11-1 所示为使用邮件客户端软件编写邮件。

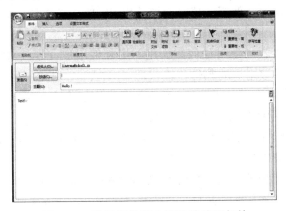

图 11-1　使用邮件客户端软件编写邮件

（2）MTA 收到信件，交由 MDA 发送到该账号的 mailbox 中。如果接收方的邮件服务器与发送方的邮件服务器相同，也就是 e-mail.server 相同，此时 MTA 会将该信件交由 MDA 处理，将信件放置在接收方的信箱中。如果 e-mail.server 不相同，MTA 将信件再转发给远程 MTA。

（3）远程 MTA 收到此 MTA 发出的邮件，并将该信件交给它的 MDA 处理。此时，信件会存放在远程 MTA 上，等待用户登录读取或下载。

## 2. 邮件相关协议

要实现电子邮件系统还要依赖相关的协议才可以，当前应用于电子邮件服务的协议主要有 SMTP、POP3 和 IMAP4 协议。

（1）SMTP（simple mail transfer protocol）协议：即简单邮件传输协议，是一种提供可靠且有效电子邮件传输的协议。SMTP 主要用于传输系统之间的邮件信息并提供与来信有关的通知。SMTP 目前已是事实上的 Internet 传输电子邮件的标准，是一个相对简单的基于文本的协议。SMTP 使用 TCP 端口 25。要为一个给定的域名决定一个 SMTP 服务器，需要使用 MX（mail exchange）DNS。

（2）POP3（post office protocol 3）协议：即邮局协议的第 3 个版本，是 Internet 电子邮件的第一个离线协议标准。它规定怎样将个人计算机连接到 Internet 的邮件服务器和如何下载电子邮件。POP3 除了支持离线工作方式外，还支持在线工作方式。POP3 允许用户从服务器上把邮件存储到本地主机上，同时删除保存在邮件服务器上的邮件。POP3 使用 TCP 端口 110。

（3）IMAP4（Internet message access protocol 4）协议：即 Internet 信息访问协议的第 4 个版本，是一个用于从远程服务器上访问电子邮件的标准协议，它是一个客户机／服务器（client／server）模型协议。用户的电子邮件由服务器负责接收保存，用户可以通过浏览信件头来决定是不是要下载此邮件，此外用户也可以在服务器上创建或更改文件夹或邮箱，删除信件或检索信件的特定部分。

需要注意的是，虽然 POP3 和 IMAP4 都是处理接收邮件的，但两者在机制上有所不同。在用户访问电子邮件时，IMAP4 需要持续访问服务器。POP3 则是将信件保存在服务器上，当用户阅读信件时，所有内容都会被立刻下载到用户的计算机上。因此，可以把使用 IMAP4 协议的服务器看成是一个远程文件服务器，而把使用 POP3 协议的服务器看成是一个存储转发服务器。

以上协议在发送和接收邮件时如何起作用？用邮件用户代理（MUA）创建了一封电子邮件，邮件创建后被送到了该用户的邮件传输代理（MTA），传送过程使用的是 SMTP 协议。然后 MTA 检查该邮件的收信人，并向 DNS 服务器查询接收方 MTA 对应的域名，然后将邮件发送至接收方 MTA，使用的仍然是 SMTP 协议。

考虑到不同的网络配置，邮件在传输过程中很有可能被转移到另外一个 MTA，但是最终会有某个 MTA 接管这封邮件，并且负责投递。这时，MTA 会将邮件传递给某个邮件分发代理（MDA），MDA 的主要作用就是将邮件保存到本地磁盘，有些 MDA 也可以完成其他功能，比如邮件过滤或将邮件直接分发到子文件夹。需要注意的是，完成将邮件存放在服务器上这个功能的是 MDA。

运行 MUA，就可以使用 IMAP4 协议或 POP3 协议来向邮件服务器查询邮件。邮件服务器会先确认用户的身份，然后从邮件存储区检索邮件列表，并将列表返回给 MUA，然后就可以阅读邮件了。

整个过程使用协议的情况如图 11-2 所示。

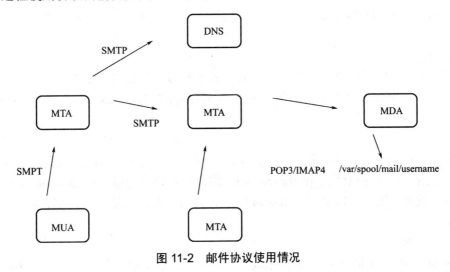

图 11-2　邮件协议使用情况

## 11.1.2　常用邮件系统

常用邮件服务系统主要从以下两方面进行介绍。

### 1. 商业邮件系统

常用的商业邮件服务器端软件有：

Exchange Server 是微软公司的一套电子邮件服务组件，是个消息与协作的系统。简单而言，Exchange Server 可以被用来构架应用于企业、学校的邮件系统。Exchange 是收费邮箱，但是国内微软并不直接出售 Exchange 邮箱，而是将 Exchange、Lync、Sharepoint 三款产品包装成 Office365 出售。Exchange 的版本众多，现已推出 2013 版，具备一系列新特性。

管理中心：

Exchange 2013 提供单一的统一管理控制台，该控制台易于使用，并针对内部部署、联机部署或混合部署进行了管理优化。

体系架构：

Exchange 2013 的主要设计目标是简化缩放、提高硬件利用率和实现故障隔离。Exchange 2013 将服务器角色的数目减少到了两个：客户端访问服务器角色和邮箱服务器角色。

安装部署：

安装程序已被完全重写，以便安装 Exchange 2013，而且安全修补程序比以往更加易用。已删除安装向导中所有安装 Exchange 时不必要的步骤，最后得到一个易于执行的向导，轻松、分步完成整个安装过程。

邮件策略和合规性：

Exchange 2013 中的两个新的邮件策略和合规性功能如下：数据丢失防护和 Microsoft 权限管理连接器。

托管存储：

Exchange 2013 的存储服务已经完全重写了托管代码（C#），意味着更高的灵活性和可用性。

证书管理：

对于 Exchange 组织而言，管理数字证书是最重要的安全相关任务之一。确保正确配置证书是为企业提供安全邮件基础结构的关键所在。Exchange 2013 的 Exchange 管理中心提供证书管理功能。

客户端：

Outlook Web App 用户界面采用全新设计，并针对平板电脑和智能手机及台式机和笔记本电脑进行了优化。新功能包括 Apps for Outlook（用户和管理员可以扩展 Outlook Web App 的功能）、联系人链接（用户可以从其 LinkedIn 账户添加联系人的功能），以及针对日历外观和功能的更新。

工作负载管理：

Exchange 工作负载是一个 Exchange 服务器功能、协议或服务，为了管理 Exchange 系统资源而明确定义。每个 Exchange 工作负载会占用系统资源，如 CPU、邮箱数据库操作或 Active Directory 请求，以执行用户要求或运行后台工作。Exchange 工作负载的示例包括 Outlook Web App、Exchange ActiveSync、邮箱迁移和邮箱助理。

### 2. 开源邮件系统

常用的开源邮件系统包括 Sendmail、Qmail、Postfix 三大邮件系统。

（1）Sendmail。Sendmail 功能非常强大，很多先进功能在 Sendmail 上都最先实现，无论从使用的广泛程度，还是从代码的复杂程度来讲，Sendmail 都是一个非常优秀的软件。如果使用它来构建网站的电子邮件系统，基本上不必费心，因为几乎所有的 UNIX 的缺省配置中都内置这个软件，只需要设置好操作系统，它就能立即运转起来。然而，它的不足之处也是显而易见的。

Sendmail 的安全性较差，这是因为当其作者 Eric Allman 最初开始写这个软件的时候，Internet 的用户还很少，因而安全性并没有得到大家的重视。由于邮件系统需要处理的是外部发送来的各种各样的信息，甚至包含一些恶意数据，而 Sendmail 在大多数系统中都是以 root 身份运行的，一旦出现问题，就会对系统安全造成严重影响。在这种情况下，要防止出现安全问题，仅仅依赖程序本身是不可取的，应该从系统结构出发，将程序拥有的特殊权限限制到最小。

此外，也是由于其早期的 Internet 用户数量及邮件数量都相当小，Sendmail 的系统结构并不适合较大的负载，对于高负载的邮件系统，需要对 Sendmail 进行复杂的调整。例如，通常情况下 Sendmail 只启动一个进程顺序向外发送邮件，如果邮件较多时就要花费相当长的时间。

使用 Sendmail 还会遇到的另一个问题，就是它的设置相当复杂，对于使用缺省设置来收发电子邮件，问题并不存在。当管理员打算进行一些特殊设置，以便利用 Sendmail 提供的复杂邮件处理能力时，就不得不面对复杂的宏和正则表达式。虽然现在 Sendmail 使用了宏预处理程序 m4 使设置更易于理解一些，但是掌握 Sendmail 的设置仍然是对系统管理员的一大挑战。

（2）Qmail。为了解决 Sendmail 的安全问题，整个系统结构需要重新设计。基本的原则是将系统划分为不同的模块，有负责接收外部邮件的，有管理缓冲目录中待发送的邮件队列的，有将邮件发送到远程服务器或本地用户的。Qmail 就是按照这个原则进行设计的，它由多个不同功能的小程序组成，只有必要的程序才是 setuid 程序（即以 root 用户权限执行），这样就减少了安全隐患，并且由于这些程序都比较简单，因此可以达到较高的安全性。

这种按照 UNIX 思路的模块化设计方法也使得 Qmail 具备较高的性能，因为如果需要，Qmail 可以启动某个模块的多个实例来完成同一个任务，例如启动多个发送程序同时向外发送邮件，这对于提供邮件列表服务的邮件系统是非常有益的。这种方式也使得 Qmail 要占用较大的网络带宽，如果带宽有限，效果反而不好，但在当前网络性能大幅度提高的情况下，这种方式是非常合适的。

Qmail 还提供一些非常有用的特色来增强系统的可靠性。例如，它提出了 Maildir 格式的邮件存储方式，这使得通过网络文件系统 NFS 存储邮件成为可能。此外，Qmail 还具备一些非常别致的特色，它不仅仅提供了与 Sendmail 兼容的方式来处理转发、别名等功能，还可以用以 Sendmail 完全不同的方式来提供这些功能。从它的编译安装方式、提供的扩展功能和源代码的风格，可以看出其作者 Dan Bernstein 是一个极具个性化的程序员。正因为如此，对于 Qmail 的某些方面，有着一些争论，例如有些人认为 Qmail 的安装设置并不易于理解，很容易让人糊涂，而另一些人的看法则相反。基本上这是 Qmail 提供解决问题的方式和 Sendmail 不大相同的缘故，这样对那些不太熟悉 Sendmail 的邮件系统管理员，反而更容易接受 Qmail 一些。

（3）Postfix。Postfix 同样也是采用了模块化的方式，但与 Qmail 不同的是，Postfix 使用了一个主控进程进行监控。Postfix 在很多方面都考虑到了安全问题，它甚至不向 root 分发电子邮件，避免以 root 身份读写文件或启动外部程序。考虑到它的作者 Wietse Venema 曾编写了著名的安全软件 TcpWrapper，并是 SATAN 程序的合作人员之一，Postfix 的安全性是非常值得信赖的。

同样，Postfix 的性能也非常不错，甚至在 Qmail 作者进行的测试中也表示，Postfix 的性能和 Qmail 基本相当。但 Postfix 占用的内存要大一些，这主要是由 Postfix 和 Qmail 在系统结构上的差异造成的。

与 Qmail 不同，Postfix 更着眼于作为 Sendmail 的直接替换，使用 Postfix 替换 Sendmail 相当简单，因为 Postfix 使用的很多文件和 Sendmail 一致，只需要在配置文件中指明原有 Sendmail 配置文件的位置就可以了。Postfix 甚至还提供了 Sendmail 和 Qmail 程序，以保持兼容性。基本上，可以直接从 Sendmail 转换为 Postfix 使用，而不需要额外的设置。Postfix 提供的安装配置方式也相当简单，它使用中心化的配置文件和非常容易理解的配置指令。

Postfix 提供的一些强大的功能主要在于多种数据库表查询方式，例如它支持 DB、DBM、passwd 文件、正则表达式、MySQL 数据库、LDAP 方式的查询以及用于支持系统级的别名、虚拟主机等。虽然 Qmail 也能支持这些功能，但没有像 Postfix 那样统一、简洁。此外，更改 Postfix 的设置之后，也不需要重新启动整个系统，只需要使用 Postfix reload 就能完全刷新配置，这也避免了丢失邮件的可能性。

事实上，除了 Qmail 和 Postfix 之外，还有很多种邮件系统，如 Smail、Exim 等，然而毫无疑问 Qmail 和 Postfix 是其中最优秀的，也是 Sendmail 最有力的竞争者。此外，还有一些商业邮件服务器产品。

　　至于在 Sendmail、Postfix 和 Qmail 之间进行选择，基本上依赖于用户自己的偏好。有的人喜欢 Qmail 提供的复杂特色，而有的人希望对 Sendmail 的替换能简单一些，也有人不打算更换，而坚持使用 Sendmail 的最新版本。对于一个熟悉 UNIX 系统而又愿意改善邮件系统性能和安全性的管理员，应该转换为使用 Postfix 或 Qmail，除非对 Sendmail 非常熟悉而且保持了特殊的感情。在 Postfix 和 Qmail 之间，它们各自有一批忠心拥护者，选择哪个都是可行的。

图 11-3　各邮件系统 logo

　　各邮件系统 logo（标志）如图 11-3 所示。

## 11.1.3　Postfix 构建邮件系统

　　一个完整的电子邮件系统应包括 SMTP 服务器、POP3/IMAP 服务器、发信认证、Web 邮件界面等多种机制。而一个基本的邮件系统只需要有 SMTP 服务器、POP3/IMAP 服务器就可以了，如图 11-4 所示，是构建邮件系统需要使用的软件。

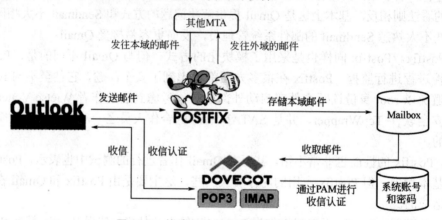

图 11-4　构建邮件系统需要使用的软件

Postfix：提供邮件发送服务（SMTP）。
Dovecot：提供邮件收取服务（POP3）。
Outlook Express：用于收发信的客户端工具。

### 1.　安装配置 Postfix

安装 Postfix 也可采用编译安装或直接安装 RPM 软件包的方式。

```
[root@localhost ~]# cd /mnt
[root@localhost mnt]# cd CentOS/
[root@localhost CentOS]# rpm -ivh postfix-2.3.3-2.i386.rpm
```

```
Preparing...            ################################### [100%]
   1:postfix            ################################### [100%]
```

编辑 Postfix 的主配置文件，修改相应的设置项。

```
[root@localhost postfix]# vim /etc/postfix/main.cf
myhostname = sample.test.com    #设置系统的主机名
mydomain = test.com      #设置域名后缀（将此处设置为 e-mail 地址 "@" 后面的
部分）
myorigin = $mydomain     #将发信地址 "@" 后面的部分设置为域名（非系统主机名）
inet_interfaces = all     #接收来自所有网络的请求
mydestination=$myhostname,localhost.$mydomain,localhost,$mydomain
# 指定发给本地邮件的域名
home_mailbox = Maildir/    #指定用户邮箱目录
```

Postfix 支持两种最常见的邮箱存储方式：

**Mailbox**：将同一用户的所有邮件内容存储在同一个文件中，例如 "/var/spool/mail/username"，这种方式比较古老，在邮件数量较多时查询和管理的效率较低。

**Maildir**：使用目录结构来存储用户的邮件内容，每一个用户对应一个文件夹，每一封邮件作为一个独立的文件保存，例如 "/home/username/Maildir/*"。这种方式的存取速度和效率更高，而且对于邮件内容管理也更方便。

配置完毕后，启动 Postfix 或重新加载配置。

```
[root@localhost postfix]# postfix reload
postfix/postfix-script: refreshing the Postfix mail system
```

接下来测试发信功能是否可用。

```
[root@localhost postfix]# telnet localhost 25
HELO localhost
250 mail.benet.com
MAIL FROM: xiaoyang@benet.com
250 2.1.0 Ok
RCPT TO: xiaoli@benet.com
250 2.1.5 Ok
DATA
354 End data with <CR><LF>.<CR><LF>
Subject: A Test Mail
HELLO!
This is a test mail!
.
250 2.0.0 Ok: queued as 6F24D148440
QUIT
221 2.0.0 Bye
Connection closed by foreign host.
```

### 2. 安装配置 Dovecot

Dovecot 是一个安全性较好的 **POP3/IMAP** 服务器软件，响应速度快而且扩展性好。

```
[root@localhost postfix]# cd /mnt
[root@localhost mnt]# cd CentOS/
[root@localhost CentOS]# rpm -ivh dovecot-1.0.7-2.el5.i386.rpm
Preparing...              ################################### [100%]
   1:dovecot              ################################### [100%]
```

Dovecot 的主配置文件。

```
[root@localhost CentOS]# vim /etc/dovecot.conf
......
ssl_disable = yes                      #禁用 SSL 机制
......
protocols = pop3 imap                  #支持接收邮件协议
......
disable_plaintext_auth = no            #允许明文密码认证
......
mail_location = maildir:~/Maildir      #邮件存储格式及位置
```

启动 Dovecot 服务。

```
[root@localhost CentOS]# service dovecot  start
启动 Dovecot Imap:                              [确定]
```

测试收信功能是否可用。

```
[root@localhost CentOS]# telnet localhost 110
Trying 127.0.0.1...
Connected to mail.localdomain （127.0.0.1）.
Escape character is '^]'.
+OK Dovecot ready.
USER xiaoli
+OK
PASS 123456
+OK Logged in.
......
LIST
+OK 1 messages:
1 451
.
RETR 1
+OK 451 octets
Return-Path: <xiaoyang@test.com>
```

```
X-Original-To: xiaoli@test.com
Delivered-To: xiaoli@test.com
Received: from sample.test.com （sample.test.com [127.0.0.1]）
        by sample.test.com （Postfix） with SMTP id 6F24D148440
……
```

### 3. 配置 OE

先配置 OE 账户，如图 11-5 所示。

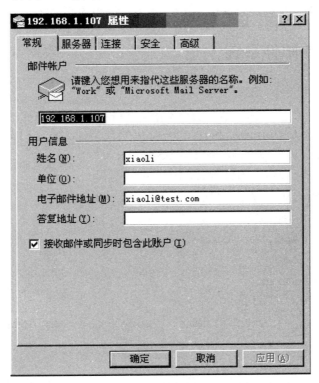

图 11-5　配置 OE 账户

配置完毕就可以通过 OE 接收之前发送的邮件了，如图 11-6 所示。

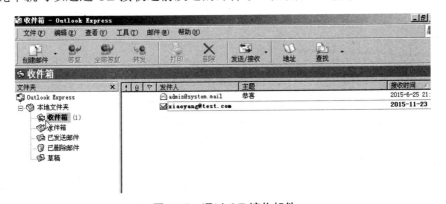

图 11-6　通过 OE 接收邮件

📖 **案例分析与解决**

# 11.2  案例十一  配置 Postfix 邮件系统

　　小杨的公司为了实现信息标准化，使用了统一域名后缀 xy.com。现为搭建公司内部办公平台，需要邮件系统提供邮件服务。公司内部员工需要通过 Outlook Express 或浏览器收发内部邮件和外部邮件，为保障内部邮件服务器的安全，发送邮件需要经过身份验证。经过实验和考察，考虑到安全性和易用性，小杨决定选用 Postfix 作为邮件服务器端软件。

## 11.2.1  构建简单邮件系统

### 1. 安装 Postfix

```
[root@localhost CentOS]# grep -v "^#" /etc/postfix/main.cf
queue_directory = /var/spool/postfix
command_directory = /usr/sbin
daemon_directory = /usr/libexec/postfix
mail_owner = postfix
myhostname = mail.test.com
mydomain = xy.com
myorigin =$mydomain
inet_interfaces = all
mydestination = $myhostname, localhost. $mydomain, localhost,
$mydomain
unknown_local_recipient_reject_code = 550
alias_maps = hash:/etc/aliases
alias_database = hash:/etc/aliases
home_mailbox = Maildir/
debug_peer_level = 2
debugger_command =
        PATH=/bin:/usr/bin:/usr/local/bin:/usr/X11R6/bin
        xxgdb $daemon_directory/$process_name $process_id & sleep 5
sendmail_path = /usr/sbin/sendmail.postfix
newaliases_path = /usr/bin/newaliases.postfix
mailq_path = /usr/bin/mailq.postfix
setgid_group = postdrop
html_directory = no
manpage_directory = /usr/share/man
```

```
sample_directory = /usr/share/doc/postfix-2.3.3/samples
readme_directory = /usr/share/doc/postfix-2.3.3/README_FILES
[root@localhost CentOS]# postfix reload
postfix/postfix-script: refreshing the Postfix mail system
```

### 2. 配置 SMTP 认证

发信时无须认证的邮件服务器，很容易造成大量垃圾邮件的产生，也给服务器带来了不必要的负担。

SMTP 发信认证的常见形式如下：当用户通过 SMTP 协议向外部邮件域发送邮件时，服务器会要求用户提供用户账号和口令进行身份认证，只有成功通过身份认证的用户才被允许向外部发送邮件，否则将被拒绝发信请求。

```
[root@localhost CentOS]# service saslauthd start
启动 saslauthd:                              [确定]
```

编辑 Postfix 配置文件 main.cf，修改一下设置项。

```
[root@localhost CentOS]# vi /etc/postfix/main.cf
……
smtpd_sasl_auth_enable = yes
smtpd_sasl_security_options = noanonymous
mynetworks = 127.0.0.1
smtpd_recipient_restrictions =
  permit_mynetworks,
  permit_sasl_authenticated,
  reject_unauth_destination
[root@localhost postfix]# postfix reload
postfix/postfix-script: refreshing the Postfix mail system
```

测试带验证的 SMTP 发信功能。

```
[root@localhost postfix]# printf  "xiaoyang" | openssl  base64
eGlhb3Fp                #生成用户名的加密值
[root@localhost postfix]# printf  "123456" | openssl  base64
MTIzNDU2                #生成密码的加密值
[root@localhost ~]# telnet mail.xy.com 25
Trying 192.168.1.107...
Connected to 192.168.1.107 (192.168.1.107).
Escape character is '^]'.
220 mail.xy.com ESMTP Postfix
EHLO localhost
……
250-AUTH PLAIN LOGIN
……
```

```
AUTH LOGIN
334 VXNlcm5hbWU6
eGlhb3Fp
334 UGFzc3dvcmQ6
MTIzNDU2
235 2.0.0 Authentication successful
MAIL FROM: xiaoyang@xy.com
......
```

在发信之前需要先进行登录，通过输入 AUTH LOGIN 命令声明进行 SMTP 认证。然后分别输入用户名、密码的 BASE64 编码，如果有 "235 2.0.0 Authentication successful" 的提示信息，则说明认证成功。

## 11.2.2 配置 Webmail

SquirrelMail 是一套基于标准的、采用 PHP4 开发的 Webmail 邮件系统。它内置纯 PHP 支持的 IMAP 和 SMTP 协议，所有页面都遵循 HTML4.0 标准（没有使用 JavaScript 支持），以便最大限度兼容在更多浏览器上。它对系统要求非常低，并且安装和配置非常容易。SquirrelMail 具备一个客户端邮件程序所应拥有的一切功能，包括支持增强型的 MIME、地址簿、文件夹操作等功能。

```
[root@localhost          CentOS]#          rpm          -ivh
squirrelmail-1.4.8-4.0.1.el5.centos.2.noarch.rpm
Preparing...        ################################### [100%]
  1:squirrelmail      ################################### [100%]
[root@localhost  squirrelmail]#  ln  -s  /usr/share/squirrelmail/
/var/www/html/mail
[root@localhost squirrelmail]# cd /var/www/html
[root@localhost html]# ls
mail  phpbb
[root@localhost html]# cd mail
[root@localhost mail]# ls
class   functions  images   index.php  plugins  themes
config  help       include  locale     src
[root@localhost mail]# cd config
[root@localhost config]# ls
config_default.php     config_local.php     config.php     conf.pl
index.php
[root@localhost config]# ./conf.pl        #执行此脚本文件或可直接编写配置
文件
```

根据提示对 SquirrelMail 进行配置。

```
SquirrelMail Configuration : Read: config.php （1.4.0）
-----------------------------------------------------------
Main Menu --
1.  Organization Preferences
2.  Server Settings            #选择此项修改服务器域名
3.  Folder Defaults
4.  General Options
5.  Themes
6.  Address Books
7.  Message of the Day （MOTD）
8.  Plugins
9.  Database
10. Languages                  #选择此项修改语言和字符集


D.  Set pre-defined settings for specific IMAP servers


C   Turn color off
S   Save data
Q   Quit


Command >>
```

修改后设置如下：

```
SquirrelMail Configuration : Read: config.php （1.4.0）
-----------------------------------------------------------
Server Settings


General
-------

1.  Domain                : xy.com
2.  Invert Time           : false
3.  Sendmail or SMTP      : SMTP


A.  Update IMAP Settings  : localhost:143 （uw）
B.  Update SMTP Settings  : localhost:25


R   Return to Main Menu
C   Turn color off
S   Save data
Q   Quit
```

```
Command >>
SquirrelMail Configuration : Read: config.php （1.4.0）
-----------------------------------------------------------
Language preferences
1.   Default Language       : zh_CN
2.   Default Charset        : GB2312
3.   Enable lossy encoding  : false


R    Return to Main Menu
C    Turn color off
S    Save data
Q    Quit


Command >>
```

配置完毕后，打开浏览器输入 URL 即可通过 Web 收发邮件，如图 11-7 所示。

图 11-7  SquirrelMail 登录界面

输入相应的用户名和密码即可登录进行收发邮件，如图 11-8 所示。

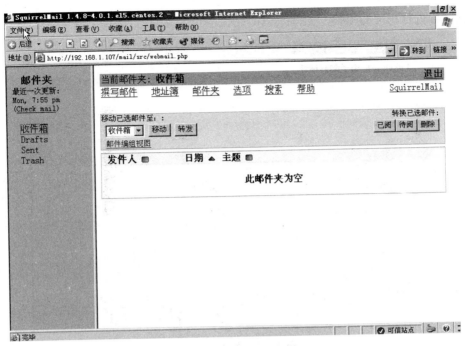

图 11-8 Web 收发邮件

## 11.2.3 配置 OE 邮件客户端

在客户机上使用 OE 收发邮件，点击工具——账户——添加邮件，如图 11-9 所示。

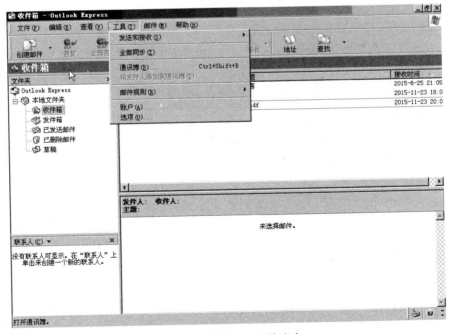

图 11-9 配置 OE 邮件账户

根据向导进行相应的配置，如图 11-10 所示。

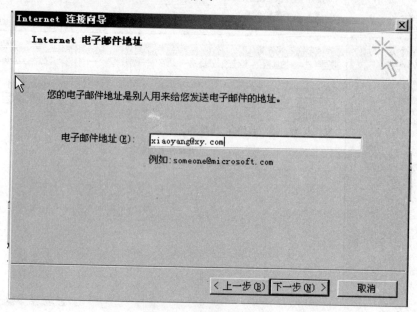

图 11-10　配置邮件地址

　　如果服务器有域名解析记录，接收邮件服务器和发送邮件服务器可以输入域名，如 mail.xy.com，如图 11-11 所示；如果没有，则输入 IP 地址，如 192.168.1.107。

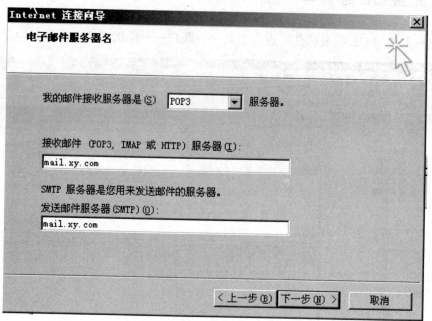

图 11-11　配置收发邮件服务器

　　由于配置了 SMTP 认证服务，因此需要勾选"我的服务器要求身份验证"，如图 11-12 所示。

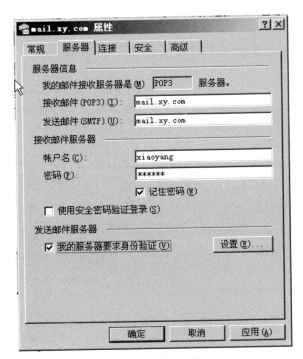

图 11-12　配置服务器认证

## 📖 扩展任务

为邮件服务器配置域名解析记录，先配置好 DNS 服务器（见第 9 章），此 DNS 服务器负责 xy.com 区域内主机的名称解析，并设置此区域的 MX 记录指向邮件服务器 192.168.1.107。

## ● 小　结

本章首先介绍了邮件系统的组成及相关的协议，应理解各组成部分是如何协同工作的，并掌握相应协议的功能。了解常用的邮件系统，并能根据需求和各邮件系统的特点选择合适的邮件服务器软件。学完本章，应能正确安装和配置 Postfix 搭建简单邮件系统，使用 Postfix 配置发送邮件服务器、Dovecot 配置接收邮件服务器，实现邮件的正常收发，并能配置基于 Web 的邮件系统。

## ● 习　题

1．利用 Postfix 配置一台邮件服务器，邮件服务器的域名为自己的名字的拼音，如 yangjing.com。

2．以小组为单位，为小组内的每个成员建立个人用户，即每个成员的信箱分别为 user@yangjing.com。

3．在 Windows 内，利用 Outlook 或 Outlook Express 进行收发邮件，了解邮件服务器的工作原理。

# 第三部分　安全管理

# 第 12 章

# 优化系统安全

与 Windows 操作系统相比，Linux 操作系统无论是在价格、性能还是安全性上都更有优势。即便如此，作为开源操作系统也不可避免地会存在一定的安全隐患。只有一一解决了系统中的各种安全问题，才更能体现出 Linux 作为一种安全操作平台的特性。另外，Linux 作为服务器操作系统，对系统安全性也有很高的要求。因此，本章将介绍 Linux 操作系统安全管理方面的一些应用技巧。

## 📖 学习目标

- □ 了解系统安全常规优化
- □ 掌握用户账号安全优化
- □ 掌握文件系统安全优化
- □ 掌握引导与登录安全优化

## 📖 相关知识

## 12.1 系统安全常规优化

Linux 系统安全常规优化一般包括用户账号安全优化、文件系统安全优化以及引导与登录安全优化。通过对系统的安全优化，可以大大提高系统的安全性。

### 12.1.1 用户账号安全优化

用户账号，是计算机使用者的身份凭证或标识，每一个要访问系统资源的人，必须凭借他的用户账号才能进入计算机。在 Linux 系统中，提供了多种机制来确保用户账号的正当、安全使用。

#### 1. 删除系统中不适用的用户和组

在 Linux 系统中，一些程序在安装时会创建特有的用户和组，这些用户仅仅用于启动服务或运行进程，通常是不允许登录的，例如 MySQL、Apache、named、news……当攻击者假冒这些用户或组的身份时，往往不易被管理员发现。

根据当前服务器的具体应用情况，可以将不使用的用户和组删除。例如，很少使用的用户、组包括 news、uucp、games、gopher 等。如果服务不需要启用 named 服务器，那么就可以删除 named 用户、named 组；如果不需要提供 FTP 服务，就可以删除 ftp 用户、ftp 组……

如果不确定用户是否应该删除，也可以暂时禁用该用户。

使用带"-l"选项的 passwd 命令可以锁定（lock）用户，"-u"选项用于解锁。

```
[root@main ~]# su - zhangsan
[zhangsan@main ~]#$
[zhangsan@main ~]#$ passwd -l zhangsan
Only root can do that.
[zhangsan@main ~]#$ exit
[root@main ~]# passwd -l zhangsan
Locking password for user zhangsan
Passwd: Success
[root@main ~]#
Main login: zhangsan
Password:
Login incorrect
Zhangsan:!!$1$Dy7cdQBS$3/rUV13ujkJSRPi8lqve.:14795:0:99999:7:::
```

这里可以看到在/etc/shadow 文件中 zhangsan 用户加了"！"表示用户被锁定，只需将"！"去掉即可解锁或者使用"-u"。

```
[root@main ~]# vim /ect/shadow
Zhangsan: $1$Dy7cdQBS$3/rUV13ujkJSRPi8lqve.:14795:0:99999:7:::
```

检测"张三"用户是否可以登录："张三"用户可以登录。

```
mail login: zhangsan
Password:
[zhangsan@main ~]#$
```

### 2. 确认程序或服务用户的登录 shell 不可用

主要检查服务器运行必需的系统服务或程序的运行账号，如 rpm、ftp、Apache、Dovecot 等，将这些用户账号的登录 shell 修改为"/sbin/nologin"，即可禁止登录。

将不需要使用终端的用户的登录 Shell 改为/sbin/nologin，使用 Vim 或者 usermod 均可修改。

### 3. 限制用户的密码有效期（最大天数）

在不安全的网络环境中，为了降低密码被猜出或被暴力破解的风险，用户应养成定期更改密码的习惯，避免长期使用同一个密码。管理员可以在服务器端口限制用户密码的最大有效天数。

```
[zhangsan@main ~]#$ vim /ect/shadow
```

只对新建立的用户有效
```
PASS_MAX_DAYS   99999
```

可以修改天数

```
[zhangsan@main ~]#$ chage -M 30 zhangsan
```

只对已存在的 zhangsan 用户有效，　–M 修改

用户在登录服务器时，如果密码已经超过有效期，系统会要求重新设置一个新的密码，否则将无法登录。

### 4. 制定用户在下次登录时必须修改密码

```
[zhangsan@main ~]#$ chage -d 0 zhangsan
mail login:zhangsan
Password:
You are required to change your password immediately (root enforced)
Changing password for zhangsan
(current) UNIX password:
```

提示用户修改密码，或者将 shadow 文件中 zhangsan 用户 LAST DAY 域（冒号"："分隔的第 3 列）的值设为 0。

```
Zhangsan: $1$Dy7cdQBS$3/rUV13ujkJSRPi8lqve.:0:0:99999:7:::
```

### 5. 限制用户密码的最小长度

在 Linux 系统中，主要基于 cracklib 模块来检查用户密码的复杂性和安全强度，增加 minlen（最小长度）参数的值可以有效地提高密码的安全性。在缺省情况下，minlen 的默认值为 10.，对应的用户口令最短长度约为 6（需要注意，cacklib 是基于密码串长度和复杂性同时进行检查，因此 minlen 的值并不直接代表用户设置密码的长度）。

例：通过 PAM（可插拔认证模块）机制修改密码最小长度限制，强制提高用户自设密码时的安全强度（密码太短或太简单时将设置不成功）。

```
[root@main ~]# vim /etc/pam.d/system-auth
Password        requisite   pam_cracklib.so try_first_pass retry=3
minlen=12
```

### 6. 限制记录命令历史的条数

在使用 Linux 命令终端的过程中，shell 的命令历史机制为用户提供了极大的便利。另外，命令历史记录也给用户带来了潜在的风险。只要获得用户的命令历史记录文件，那么该用户在服务器中的命令历史操作过程将会一览无余，假设该用户曾经在命令历史中输入过明文的密码，则无意中又为服务器系统的安全性打开了一个缺口。

```
[root@main ~]# vim /etc/profile
HISTSIZE=100
```

设置当前用户在注销登录后自动清空历史命令。

```
[root@main ~]# echo "history -c">>~ /.bash_logout
Main login: root
Password:
```

```
Last login:Fri Jan 1 23:17:07 on tty2
[root@main ~]#
[root@main ~]# history
    1   history
```

提示已自动清空历史。

### 7. 设置闲置超时自动注销终端

在使用 bash 终端时，可以设置一个 TMOUT 变量，当超过指定时间（默认单位为秒）没有输入即自动注销终端。设置恰当的终端闲置超时时间，可以有效地避免当管理员不在时其他人员对服务器的误操作风险。

```
[root@main ~]# vim /etc/profile
HOSTNAME='/bin/hostname'
HISTSIZE=1000
Export TMOUT=600
```

### 8. 使用 su 切换用户身份

在大多数的 Linux 系统服务中，通常不建议用户直接使用 root 用户登录系统。这样一方面尽可能地减少了以"超级用户"身份发生误操作的可能性，另一方面也降低了 root 密码在不安全的网络中被泄露（或者暴力破解）的风险。

Linux 系统为用户提供了 su（substitute user，替代用户）命令工具，主要用于切换用户身份。使用 su 命令，可以临时以另一个系统用户的身份来完成工作，当然，需要提供目标用户的密码。

su  - 用户名   其中"-"可选项相当于"—login"，表示使用目标用户的登录 shell（login shell）环境、工作目录、PATH 变量等。若不是用"-"选项，则保持原有的用户环境不变。

如果当前用户不是 root 用户，则使用 su 命令切换为其他用户（包括 root 用户）时，需要输入目标用户登录的密码。省略用户名参数时，su 命令默认将用户身份切换为 root。

su 权限设置的用法如图 12-1 所示。

**图 12-1　su 权限设置的用法**

当前用户不是 root，使用 su 切换到其他用户需要密码，省略用户默认切换到 root 用户，将允许使用 su 的用户加入 wheel 组。

修改 PAM 设置，添加 pam_wheel 认证（将此行首#去掉）

```
auth            required         pam_wheel.so use_uid
```

验证 su 限制效果。

```
[root@main ~]# su - accp
[root@main ~]$ su - root
```

Password:

Su:incorrect password

只有 wheel 组的用户可用 su 切换命令，这里用 accp（非 wheel 组用户）登录并切换 root 用户会提示"密码不正确"。

#### 9. 使用 sudo 提升执行权限

sudo 命令工具提供了一种机制，只需要预先在/etc/sudoers 配置文件中进行授权，就可以允许特定的用户以超级用户（或其他普通用户）的身份执行命令，而该用户不需要知道 root 用户（或其他普通用户）的密码。

（1）/etc/sudoers 配置文件。/etc/sudoers 文件的默认权限为 440，通常使用专门的 visudo 命令进行编辑，如果直接使用 vim 命令编辑，则在保存文件的时候需要使用 w!，否则系统将提示为只读文件而拒绝保存。在/etc/sudoers 文件中，常见的配置语法格式为：user+主机+命令。

授权用户 zhangsan 可以以 root 权限执行 ifconfig 命令。

```
[root@main ~]# visudo
Zhangsan localhost=/sbin/ifconfig
```

通过别名定义一组命令，并授权用户 zhangsan 可以使用改组命令。

```
Cmnd_Alias SYSYSVCTRL=/sbin/service,/bin/kill,/bin/killall
Zhangsan localhost=SYSVCTRL
```

授权 wheel 组的用户不需要验证密码即可执行所有命令。

```
%wheel ALL=（ALL）   NOPASSWD:ALL
```

在指定允许用户执行的命令列表时，可以使用通配符"*"、 取反符号"！"（可以禁止用户使用某些命令）。

（2）使用 sudo 执行命令。sudo-1：查看当前用户被授权使用的命令，第一次使用 sudo 要求输入当前用户的密码验证，如图 12-2 所示。

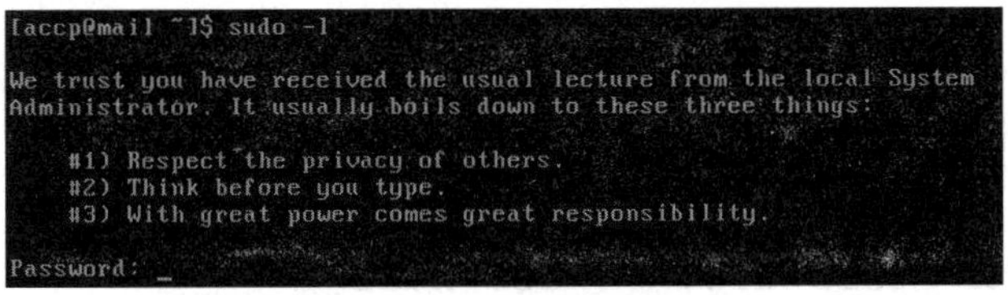

图 12-2　sudo 密码验证

sudo –k：可以清除 timestamp 时间戳标记，再次使用 sudo 命令时需要重新验证密码。

sudo -v：可以重新更新时间戳（必要时系统会再次询问用户密码）。

## 12.1.2　文件系统安全优化

#### 1. 文件系统层次的安全优化

（1）合理规划系统分区。/boot、/home、/var、/opt 等建议单独分区。

（2）通过挂载禁止执行 set 位程序、二进制程序。mount 命令的选项。

-o nosuid、禁止文件的 suid 或 sgid 位权限。

```
/dev/sdb1                    /home                ext3 defaults,nosuid_1 2
```

-o noexec 禁止执行分区中的程序文件（防止恶意程序或病毒代码）。

```
/dev/sdb1                    /home                ext3 defaults,noexec_1 2
```

（3）锁定不希望更改的系统文件。使用 chattr 命令修改文件属性，添加+i 属性后文件不能被修改；若添加+a 属性，则文件只能以追加的方式添加内容，使用 lsattr 命令查看文件的属性状态。

### 2. 应用程序和服务

（1）关闭不需要的系统服务。使用 ntsysv、chkconfig 管理工具。

（2）禁止普通用户执行 init.d 目录中的脚本。限制"other"组的权限（o-rwx/750）。

（3）禁止普通用户执行控制台程序。

consolehelper 控制台助手，配置目录：/etc/security/console.apps/。

```
[root@localhost ~]# cd /etc/security/console.apps/
[root@localhost console.apps]# tar zcpvf conpw.tgz poweroff halt
reboot - - remove
```

（4）去除程序文件中非必需的 set-uid 或 set-gid 附加权限。

找出设置了 set 位权限的文件。

```
[root@localhost ~]# ls -lh $(find / -type f -perm +6000)
[root@localhost ~]# find / -type f -perm +6000 -exec ls -lh {} \;
```

去掉程序文件的 suid/sgid 位权限。

Chmod a-s /tmp/hack.vim，监控系统中新增了哪些使用 set 位权限的文件。

```
[root@localhost ~]# vim /usr/sbin/chksfile
#!/bin/bash
OLD_LIST=/etc/sfilelist
for i in `find / -type f -a -perm +6000`
do
    grep -F "$i" $OLD_LIST > /dev/null
    [$? -ne 0 ] && ls -lh $i
Done
```

## 12.1.3  引导与登录安全优化

### 1. 开关机安全控制

（1）调整 BIOS 引导设置。将第一优先引导设备（first boot device）设为当前系统所在的硬盘，其他引导设置为"disabled"。为 BIOS 设置管理员密码，安全级别调整为"setup"。

（2）禁用<Ctrl+Alt+Del>重启热键，修改/etc/inittab 文件（将 CA::ctrlaltdel:/sbin/shutdown

–t3 –r now 注释掉），并执行"init q"重载配置。

## 2. GRUB 引导菜单加密

加密引导菜单的作用，修改启动参数时需要验证密码（全局部分（第一个"title"之前）），进入所选择的系统前需要验证密码［系统引导参数部分（每个"title"部分之后）］，在 grub.conf 文件中设置密码的方式。

Password：明文密码串。

Password　--md5：加密密码串。

## 3. 终端及登录控制

（1）立即禁止普通用户登录/etc/nologin。当服务器正在进行备份或调试等维护工作时，可能不希望再有新的用户登录系统。这时候，只需要简单地建立/etc/nologin文件即可。Login程序会检查/etc/nologin文件是否存在，如果存在则拒绝普通用户登录系统（root用户不受限制），删除该文件或者重启系统后可恢复。

（2）设置启用哪些tty终端vi　/etc/inittab　init q。Linux系统默认开放了tty1~tty6 共 6 个本地终端（控制台），如果需要禁用多余的tty终端，可以修改/etc/inittab文件，并将对应的行注释掉。

（3）控制允许root用户登录的终端/etc/securetty。Linux系统中，login程序通常会读取/etc/securetty文件，以决定允许root用户从哪些终端登录系统。若要禁止root用户从某个终端登录，只需从该文件中删除或者注释掉对应的行即可。

（4）更改系统登录提示，隐藏系统版本信息/etc/issue、 /etc/issue.net。登录Linux系统终端时，通常会看到带有系统名称、内核版本等内容的提示信息，许多网络攻击者往往利用这些信息来对服务器做进一步的扫描和探测。

通过修改/etc/issue、/etc/issue.net文件（分别对应本地登录、网络登录），可以实现隐藏登录提示信息，或者将提示信息修改为其他内容。重启系统后，新的设置将生效。

（5）使用pam_access认证控制用户登录地点。使用pam_access模块，可以按具体的用户名、登录地点两方面进行控制。pam_access认证读取/etc/security/access.conf配置文件。该文件的配置行依次由"权限""用户""来源"三部分内容组成，使用冒号进行分隔。

"权限"部分为"+"号或者"-"号，分别表示允许、拒绝。

"用户"部分为用户名，若为多个用户则使用空格分开，若为一个组的用户则使用"@组名"的形式表示。"ALL"表示所有用户。

"来源"部分表示用户从哪个终端或远程主机登录，可以使用tty1、127.0.0.1、192.168.1.0/24等形式表示，多个来源地点之间使用空格分开。

例：禁止除了 root 以外的用户从 tty1 终端上登录系统。

```
[root@localhost ~]# vim /etc/pam.d/login
account     required  pam_nologin.so
[root@localhost ~]# vim /etc/security/access.conf
-:ALL EXCEPT root:tty1
```

例：禁止 root 用户从 192.168.1.0/24、172.16.0.0/8 网络中的远程登录系统。

同样需要添加认证支持然后修改配置文件。

```
[root@localhost ~]# vim /etc/security/access.conf
   -: root : 192.168.1.0/24 172.16.0.0/8
```

## 📖 案例分析与解决

# 12.2  案例十二  Linux 系统常规优化

小杨作为 Linux 系统管理员进入公司后，发现装有 Linux 系统的服务器存在安全隐患，于是他决定对系统进行优化。取消不必要的服务、限制远程存取、隐藏重要资料、修补安全漏洞、采用安全工具以及经常性的安全检查。采用以上的安全守则，可以使 Linux 系统的安全性大大提高，使顺手牵羊型的黑客和电脑玩家不能轻易闯入，保障了公司服务器的安全。

## 12.2.1  控制用户权限

### 1. 使用 su、sudo 控制用户账号权限

（1）修/etc/pam.d/su 文件，删除"auth required pam_wheel.so use_uid"行开头的注释符号。

（2）将 radmin 用户加入 wheel 组，配置 sudo 功能限制。首先建立 zhangsan 和 lisi 两个账户，如图 12-3 所示。

```
[root@server ~]# useradd radmin;passwd radmin
Changing password for user radmin.
New UNIX password:
BAD PASSWORD: it is too simplistic/systematic
Retype new UNIX password:
passwd: all authentication tokens updated successfully.
[root@server ~]#
[root@server ~]# useradd zhangsan;passwd zhangsan
Changing password for user zhangsan.
New UNIX password:
BAD PASSWORD: it is too simplistic/systematic
Retype new UNIX password:
passwd: all authentication tokens updated successfully.
[root@server ~]#
[root@server ~]# useradd lisi;passwd lisi
Changing password for user lisi.
New UNIX password:
BAD PASSWORD: it is too simplistic/systematic
Retype new UNIX password:
passwd: all authentication tokens updated successfully.
[root@server ~]# _
```

图 12-3  建立账户

修改/etc/pam.d/su 文件，如图 12-4 所示。

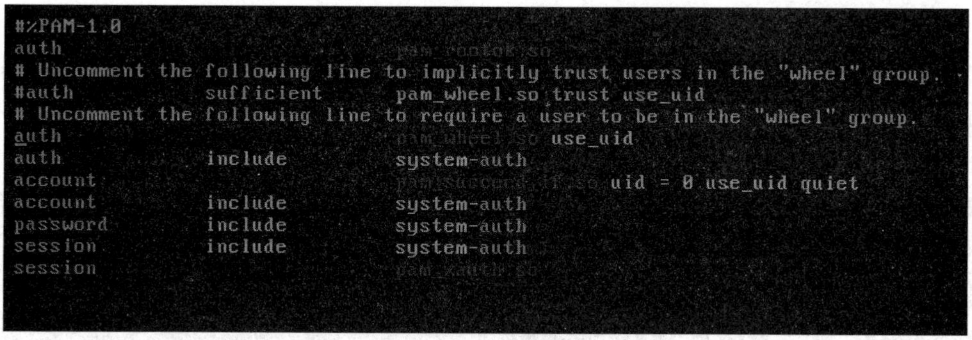

图 12-4　修改配置文件

将 radmin 和 zhangsan 加入 wheel 组。

```
[root@server ~]# gpasswd -a radmin wheel
Adding user radmin to group wheel
[root@server ~]# gpasswd -a zhangsan wheel
Adding user zhangsan to group wheel
[root@server ~]#
```

（3）为 zhangsan\lisi 用户分别添加命令列表的别名，可以使用"*"通配符及"！"取反符，然后编辑文件。

```
[root@server ~]# which useradd
/usr/sbin/useradd
[root@server ~]# which userdel
/usr/sbin/userdel
[root@server ~]# visudo
```

（4）将设置的命令列表授权给对应的用户，在命令列表前添加"NOPASSWD:"可以取消密码验证，如图 12-5 所示。

图 12-5　授权给对应的用户

## 2. 启用 sudo 日志，将用户使用 sudo 的记录写入文件/var/log/sudo 中

（1）修改/etc/sudoers 文件，添加日志记录支持。

```
[root@server ~]# visudo
#
Defaults   logfile = "/var/log/sudo"
```

```
Defaults    requiretty
```

（2）修改/etc/syslog.conf 文件，添加"local2.debug、/var/log/sudo"配置用于记录 sudo 日志，并重启 syslog 服务，如图 12-6 所示。

```
[root@server ~]# vim /etc/syslog.conf
```

```
[root@server ~]# service syslog restart
Shutting down kernel logger:                          [  OK  ]
Shutting down system logger:                          [  OK  ]
Starting system logger:                               [  OK  ]
Starting kernel logger:                               [  OK  ]
[root@server ~]#
```

图 12-6　重启 syslog 服务

### 3. 验证结果

（1）使用 radmin 用户记录，应能执行"su–"切换到 root 用户，使用其他用户无法切换（即使密码正确）。

radmin 用户可以切换到 root 用户的目录。

```
Server login : radmin
Password:
[radmin@server ~]# su root
Password:
[root@server radmin ~]# pwd
/home/radmin
[root@server radmin ~]#
```

其他用户不能切换到 root 用户。

```
Server login : lisi
Password:
[radmin@server ~]# su root
Password:
Su:incorrect password
[lisi@server ~]$
```

（2）使用 zhangsan 用户登录，应能够使用"sudo /usr/sbin/useradd user1"命令添加 user1用户，并通过类似命令修改、删除普通用户，但不能修改 root 用户的密码等信息。

```
Server login : zhangsan
Password:
Last login :Sun Jan 3 22:38:24 on tty1
[zhangsan@server ~]$ sudo /usr/sbin/useradd user 1
[zhangsan@server ~]$
```

（3）使用 lisi 用户登录，应能够使用" sudo /sbin/ifconfig eth0 192.168.4.1/24"命令修改

eth0 网卡的 IP 地址，并能通过类似形式使用/sbin/、/usr/sbin/目录下的其他命令，如图 12-7
所示。

```
server login: lisi
Password:
Last login: Sun Jan  3 22:32:02 on tty1
[lisi@server ~]$ sudo /sbin/ifconfig eth0 192.168.4.1/24
[lisi@server ~]$ sudo /sbin/ifconfig
eth0      Link encap:Ethernet  HWaddr 00:0C:29:33:10:9E
          inet addr:192.168.4.1  Bcast:192.168.4.255  Mask:255.255.255.0
          inet6 addr: fe80::20c:29ff:fe33:109e/64 Scope:Link
          UP BROADCAST RUNNING MULTICAST  MTU:1500  Metric:1
          RX packets:52049 errors:0 dropped:0 overruns:0 frame:0
          TX packets:65832 errors:0 dropped:0 overruns:0 carrier:0
          collisions:0 txqueuelen:1000
          RX bytes:15123725 (14.4 MiB)  TX bytes:6116596 (5.8 MiB)
          Interrupt:67 Base address:0x2024

lo        Link encap:Local Loopback
          inet addr:127.0.0.1  Mask:255.0.0.0
          inet6 addr: ::1/128 Scope:Host
          UP LOOPBACK RUNNING  MTU:16436  Metric:1
          RX packets:2311 errors:0 dropped:0 overruns:0 frame:0
          TX packets:2311 errors:0 dropped:0 overruns:0 carrier:0
          collisions:0 txqueuelen:0
          RX bytes:375927 (367.1 KiB)  TX bytes:375927 (367.1 KiB)

[lisi@server ~]$ _
```

**图 12-7  修改网卡参数**

（4）使用其他普通用户 wangwu 登录，应无法通过 sudo 的方式执行命令，如图 12-8
所示。

```
Red Hat Enterprise Linux Server release 5.4 (Tikanga)
Kernel 2.6.18-164.e15 on an i686

server login: wangwu
Password:
[wangwu@server ~]$ sudo /sbin/ifconfig eth0 192.168.10.1/24

We trust you have received the usual lecture from the local System
Administrator. It usually boils down to these three things:

    #1) Respect the privacy of others.
    #2) Think before you type.
    #3) With great power comes great responsibility.

Password:
wangwu is not in the sudoers file.  This incident will be reported.
[wangwu@server ~]$ _
```

**图 12-8  普通用户无法执行**

## 12.2.2  系统引导与登录安全加固

（1）在系统引导的 BIOS 中设置取消光盘的优先级启动，并设置 setup 密码，如图 12-9 所示。

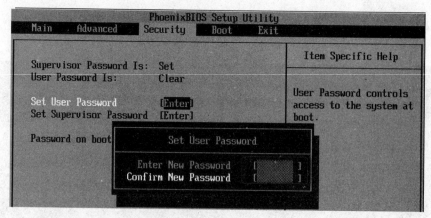

图 12-9　设置 setup 密码

（2）使用 grub-md5-crypt 命令生成加密的密码字符串，并为其添加相应的设置到 grub.conf 文件中。

```
[root@server ~]# grub-md5-crypt
Password:
Retype password:
$1$FkFxa$Qm/Dd3Rbqx5FNXqo6WRD0
[root@server ~]#
```

（3）修改 grub.conf 文件的权限为 700，并使用 chattr+i 将文件锁定。

```
[root@server ~]# chmod 700 /boot/grub/grub.conf
[root@server ~]# chattr +i /boot/grub/grub.conf
```

（4）修改/etc/inittab 文件，关闭 tty3~tty6，并注释相关的行，如图 12-10 所示。

```
[root@server ~]#  vim /etc/inittab
```

```
# Trap CTRL-ALT-DELETE
#ca::ctrlaltdel:/sbin/shutdown -t3 -r now

# When our UPS tells us power has failed, assume we have a few minutes
# of power left.  Schedule a shutdown for 2 minutes from now.
# This does, of course, assume you have powerd installed and your
# UPS connected and working correctly.
pf  powerfail

# If power was restored before the shutdown kicked in, cancel it.
pr      powerokwait

# Run gettys in standard runlevels
1     respawn                tty1
2     respawn                tty2
#3:2345:respawn:/sbin/mingetty tty3
#4:2345:respawn:/sbin/mingetty tty4
#5:2345:respawn:/sbin/mingetty tty5
#6:2345:respawn:/sbin/mingetty tty6

# Run xdm in runlevel 5
x    respawn
-- INSERT --                              32,2
```

图 12-10　修改 inittab 文件

（5）修改/etc/securetty 文件，删除 tty2~tyy6。

```
[root@server ~]# vim /etc/securetty
```

（6）修改/etc/pam.d/login 文件，并添加相应的配置行，如图 12-11 所示。

```
[root@server ~]# vim /etc/pam.d/login
```

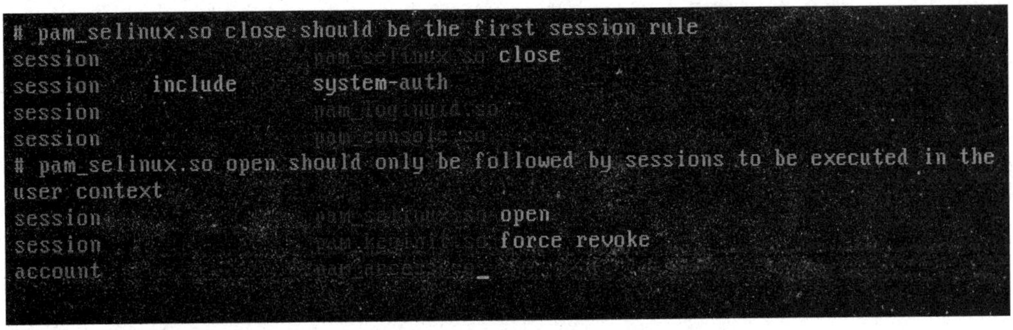

```
# pam_selinux.so close should be the first session rule
session                    pam_selinux.so        close
session        include     system-auth
session                    pam_loginuid.so
session                    pam_console.so
# pam_selinux.so open should only be followed by sessions to be executed in the
user context
session                    pam_selinux.so        open
session                    pam_keyinit.so        force revoke
account
```

**图 12-11　修改 login 文件**

（7）修改/etc/security/access.conf 文件，并添加相应的配置行，如图 12-12 所示。

```
[root@server ~]# vim /etc/security/access.conf
```

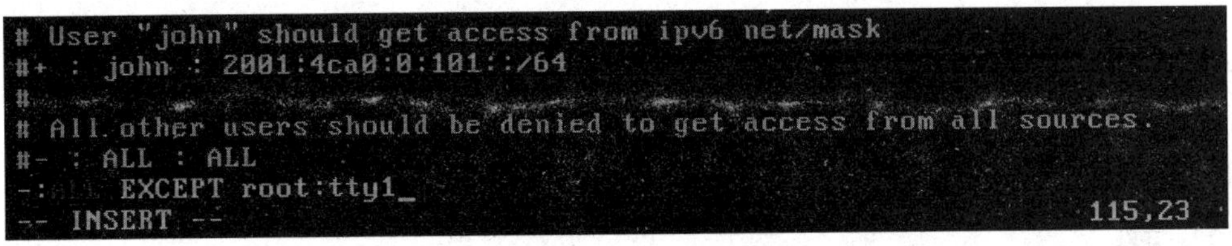

```
# User "john" should get access from ipv6 net/mask
#+ : john : 2001:4ca0:0:101::/64
#
# All other users should be denied to get access from all sources.
#- : ALL : ALL
-:      EXCEPT root:tty1_
-- INSERT --                                                    115,23
```

**图 12-12　修改 access 文件**

（8）设置注销 shell 时间。

```
[root@server ~]# vim /etc/profile
```

（9）验证实验结果，如图 12-13 所示。

```
[zhangsan@server ~]# cat /etc/grub.conf
Cat: /etc/grub.conf : permission denied
[zhangsan@server ~]$
```

```
#boot=/dev/sda
        =
        =
splashimage=(hd0,0)/grub/splash.xpm.gz
        --md5 $ $FkFxa$Qm/Dd3RbCqx5FNXqo6WRD0

        --md5 $ $FkFxa$Qm/Dd3RbCqx5FNXqo6WRD0

        (hd0,0)
        /vmlinuz-2.6.18-194.el5 ro root=LABEL=/ rhgb quiet
        /initrd-2.6.18-194.el5.img


-- INSERT --
```

**图 12-13　验证实验结果**

## 📖 扩展任务

对你的 Linux 服务器进行以下安全设置：

（1）关闭无用的端口；

（2）删除不用的软件包；

（3）防范网络嗅探；

（4）使用安全工具软件；

（5）更新系统补丁。

## ● 小  结

作为一名 Linux 系统管理员，应做好系统优化与系统安全配置，使应用程序在系统上以最优状态运行。但是硬件问题、软件问题、网络环境等的复杂性和多变性，导致系统的优化和系统安全变得异常复杂。如何定位性能问题出在哪个方面，是性能优化的一大难题。本章从系统入手，重点讲述了用户账号安全优化、文件与系统优化引导与系统安全优化，以及由于系统软、硬件配置不当可能造成的性能问题。学完本章，能对企业的 Linux 服务器进行系统优化和安全设置。

## ● 习  题

1．在 Linux 系统中，为了保证用户账号密码的持续安全性，如何设置可以强制用户定期更新密码？

2．在 Linux 系统中，如何设置可以强制用户下次登录必须更改密码？

3．如何限制 Linux 系统用户密码的最小长度？

4．管理员希望在每次注销登录后，系统能自动删除命令历史记录，应如何实现？

5．公司希望指定的几个用户可以通过 su 命令切换到 root 用户身份，以便执行管理任务，同时要防止其他无关用户使用 su 切换为 root，应如何配置实现？

6．Linux 服务器管理员为减少工作量，希望把创建、删除及更改用户的权限下放给 Account 用户组的成员，如何设置才能使 Account 用户组的一个普通用户账号能执行创建、删除及更改用户的命令？

7．如何使用户邮箱所在分区上的可执行文件失效，以避免运行病毒、木马等执行程序的风险？

8．管理员希望将一些静态的系统配置文件通过 i 节点锁定的方式加以保护，应如何实现？需要更新对应文件时，如何解除锁定？

9．管理员使用 useradd 命令添加新用户时，系统提示"useradd：无法打开密码文件"，应如何解决？

10．一些特殊执行程序若被设置了 set_uid 位等权限，将会给系统带来很大的风险，如何快速找出系统中设置了指定权限位的文件？

11．在 Linux 命令行终端，可以按<Ctrl+Alt+Del>组合键重启系统，如何能禁用该项功能？

12．Linux 系统放在公用机房内或公用办公室内，非授权用户可以接触到，如何防止无关人员通过单用户模式更改 root 密码？

13．如何为 GRUB 设置密码以加强服务器系统的安全性？

14．如何禁止 Linux 系统中的所有普通用户登录系统？

# 第 13 章

# 构建 Linux 防火墙

保护网络最常见的方法就是使用防火墙。防火墙作为网络的第一道防线，通常放置在外网和需要保护的网络之间。虽然防火墙并不能保证系统绝对的安全，但由于它简单易行、工作可靠、适应性强，还是得到了广泛的应用。本章主要介绍与 Linux 系统紧密集成的 iptables 防火墙的工作原理、命令格式以及一些应用实例。

## 📖 学习目标

- ☐ 了解 Linux 防火墙
- ☐ 掌握 iptables 的配置与管理

## 📖 相关知识

## 13.1　Linux 防火墙基础

在众多的网络防火墙产品中，Linux 操作系统上的防火墙软件特点显著。其和 Linux 操作系统一样，具有强大的功能，不仅大多是开放软件，可免费使用，而且源代码公开。这些优势是其他防火墙产品不可比拟的。

### 13.1.1　Linux 防火墙概述

基于 TCP/IP 协议簇的 Internet 网际互联完全依赖于网络层以上的协议栈（网络层的 IP 协议、传输控制协议 TCP/UDP 协议和应用层协议）。考虑到网络防火墙是为了保持网络连通性而设立的安全机制，因此防火墙技术就是通过分析、控制网络以上层协议特征，实现被保护网络所需安全策略的技术。构建防火墙有三类基本模型：应用代理网关、电路级网关（Circuit Level Gateway）和网络层防火墙。它们涉及的技术有应用代理技术和包过滤技术等。

Linux 为增加系统安全性提供了防火墙保护。防火墙存在于计算机系统和网络之间，用来判定网络中的远程用户有权访问计算机上的哪些资源。一个正确配置的防火墙可以极大地增加系统安全性。防火墙作为网络安全措施中的一个重要组成部分，一直受到人们的普遍关注。Linux 是这几年一款异军突起的操作系统，以其公开的源代码、强大稳定的网络功能和大量的免费资源受到业界的普遍赞扬。Linux 防火墙其实是操作系统本身所自带的一个功能模块。通过安装特定的防火墙内核，Linux 操作系统会对接收到的数据包按一定的策略进行处理。而用户所要做的，就是使用特定的配置软件（如 iptables）去定制适合自己的"数据包处理策略"。

### 1. 包过滤防火墙

对数据包进行过滤可以说是任何防火墙所具备的最基本的功能，而 Linux 防火墙本身从某个角度也可以说是一种"包过滤防火墙"。在 Linux 防火墙中，操作系统内核对到来的每一个数据包进行检查，从它们的包头中提取出所需要的信息，如源 IP 地址、目的 IP 地址、源端口号、目的端口号等，再与已建立的防火规则逐条进行比较，并执行所匹配规则的策略，或执行默认策略。　值得注意的是，在制定防火墙过滤规则时通常有两个基本的策略方法可供选择：一个是默认允许一切，即在接受所有数据包的基础上明确地禁止那些特殊的、不希望收到的数据包；还有一个策略就是默认禁止一切，即首先禁止所有的数据包通过，然后再根据所希望提供的服务去一项项允许需要的数据包通过。一般来说，前者使启动和运行防火墙变得更加容易，但更容易为自己留下安全隐患。通过在防火墙外部接口处对进来的数据包进行过滤，可以有效地阻止绝大多数有意或无意的网络攻击，同时，对发出的数据包进行限制，可以明确地指定内部网络中哪些主机可以访问互联网，哪些主机只能享用哪些服务或登录哪些站点，从而实现对内部主机的管理。可以说，在对一些小型内部局域网进行安全保护和网络管理时，包过滤确实是一种简单而有效的手段。

### 2. 代理

Linux 防火墙的代理功能是通过安装相应的代理软件实现的。它可以使那些不具备公共 IP 的内部主机也能访问互联网，并且很好地屏蔽了内部网，从而有效地保障了内部主机的安全。

### 3. IP 伪装

IP 伪装（IP masquerade）是 Linux 操作系统自带的又一个重要功能。通过在系统内核增添相应的伪装模块，内核可以自动地对经过的数据包进行"伪装"，即修改包头中的源目的 IP 信息，以使外部主机误认为该包是由防火墙主机发出来的。这样做，可以有效地解决使用内部保留 IP 的主机不能访问互联网的问题，同时屏蔽了内部局域网。

Linux 操作系统下的包过滤防火墙管理工具:

在 2.0 的内核中，采用 ipfwadm 来操作内核包过滤规则。

在 2.2 的内核中，采用 ipchains 来控制内核包过滤规则。

在 2.4 的内核中，采用一个全新的内核包过滤管理工具——iptables。

## 13.1.2　iptables 配置与管理

每一个主要的 Linux 版本中都有不同的防火墙软件套件。iptables（netfilter）应用程序被认为是 Linux 中实现包过滤功能的第四代应用程序。

### 1. 什么是 iptables

iptables 是建立在 netfilter 架构基础上的一个包过滤管理工具，最主要的作用是做防火墙或透明代理。iptables 从 ipchains 发展而来，它的功能更为强大。iptables 提供以下 3 种功能：包过滤、NAT（网络地址转换）和通用的 pre-route packet mangling。包过滤：包过滤用来过滤包，但是不修改包的内容。iptables 在包过滤方面相对于 ipchians 的主要优点是速度更快，使用更方便。NAT：NAT 可以分为源地址 NAT 和目的地址 NAT。

iptables 可以追加、插入或删除包过滤规则。实际上真正执行这些过滤规则的是 netfilter 及其相关模块（如 iptables 模块和 nat 模块）。netfilter 是 Linux 核心中一个通用架构，它提供了一系列的"表"（tables），每个表由若干"链"（chains）组成，而每条链中可以有一条或数条"规则"（rule）组成。

### 2. iptables 的基础知识

（1）规则（rule）。规则（rule）就是网络管理员预定的条件，规则一般定义为"如果数据包头符合这样的条件，就这样处理这个数据包"。规则存储在内核空间的信息包过滤表中，这些规则分别指定了源地址、目的地址、传输协议（TCP、UDP、ICMP）和服务类型（如 HTTP、FTP、SMTP）。当数据包与规则匹配时，iptables 就根据规则所定义的方法来处理这些数据包，如放行（ACCEPT）、拒绝（REJECT）或丢弃（DROP）等。配置防火墙的主要规则就是添加、修改和删除这些规则。

（2）链（chains）。链（chains）是数据包传播的路径，每一条链其实就是众多规则中的一个检查清单，每一条链中可以有一条或数条规则。当一个数据包到达一个链时，iptables 就会从链中的第一条规则开始检查，看该数据包是否满足规则所定义的条件，如果满足，系统就会根据该条规则所定义的方法处理该数据包，否则 iptables 将继续检查下一条规则。如果该数据包不符合链中任何一规则，iptables 就会根据该链预先定义的默认策略来处理该数据包。

（3）表（tables）。表（tables）提供特定的功能，iptables 内置 3 个表，即 filter 表、nat 表和 mangle 表，分别用于实现包过滤、网络地址转换和包重构的功能。

filter 表。filter 表主要用于过滤数据包，该表根据系统管理员预定义的一组规则过滤符合条件的数据包。对防火墙而言，主要利用 filter 表中指定的一系列规则来对数据包进行过滤操作。

filter 表是 iptables 默认的表，如果没有指定使用哪个表，iptables 就默认使用 filter 表来执行所有的命令。filter 表包含了 INPUT 链（处理进入的数据包）、FORWARD 链（处理转发的数据包）和 OUTPUT 链（处理本地生成的数据包）。在 filter 表中只允许对数据包进行接收或丢弃的操作，而无法对数据包进行更改。

nat 表。nat 表主要用于网络地址转换 NAT，该表可以实现一对一、一对多和多对多的 NAT 工作，iptables 就是使用该表实现共享上网功能的。nat 表包含了 PREROUTING 链（修改即将到来的数据包）、OUTPUT 链（修改在路由之前本地生成的数据包）和 POSTROUTING 链（修改即将出去的数据包）。

mangle 表。mangle 表主要用于对指定的包进行修改，因为某些特殊应用可能会改写数据包的一些传输特性，例如理性数据包的 TTL 和 TOS 等。不过在实际应用中该表的使用率不高。

### 3. iptables 传输数据包的过程

当数据包进入系统时，系统首先根据路由表决定将数据包发给哪一条链路，则可能有以下 3 种情况：

（1）如果数据包的目的地址是本机，则系统将数据包送往 INPUT 链路。如果通过规则检查，则该包被发给相应的本地进程处理；如果没有通过规则检查，系统将丢弃该包。

（2）如果数据包上的地址不是本机，也就是说这个包将被转发，则系统将数据包送往 FORWARD 链路。如果通过规则检查，该包被发给相应的本地进程处理；如果没有通过规则检查，系统将丢弃该包。

（3）如果数据包是由本地系统进程产生的，则系统将其送往 OUTPUT 链路。如果通过规则检查，则该包被发给相应的本地进程处理；如果没有通过规则检查，系统将丢弃该包。

用户可以给各链路定义规则，当数据包到达其中的每一条链路时，iptables 就会根据链路中定义的规则来处理这个包。iptables 将数据包的头信息与它所传递到链路中的每条规则进行比较，看它是否和每条规则完全匹配。如果数据包与某条规则匹配，iptables 就对该数据包执行由该规则指定的操作。例如某条链路中的规则决定要丢弃（DROP）数据包，数据包就会在该链路处丢弃；如果链路中规则接收（ACCEPT）数据包，数据包就可以继续前进；但是，如果数据包与这条规则不匹配，那么它将与链路中的下一条规则进行比较。如果该数据包不符合该链路中的任何一条规则，那么 iptables 将根据该链路预先定义的默认策略来决定如何处理该数据包，理想的默认策略应该告诉 iptables 丢弃（DROP）该数据包。

### 4. iptables 命令格式

iptables 的命令格式较为复杂，一般格式如下：

#iptables [-t 表] -命令 匹配操作。

**注意**：iptables 对所有选项和参数都区分大小写！

（1）表选项。表选项用于指定命令应用于哪个 iptables 内置表。iptables 内置表包括 filter 表、nat 表和 mangle 表。

（2）命令选项。命令选项用于指定 iptables 的执行方式，包括插入规则、删除规则和添加规则等。

-P 或--policy<链名>：定义默认策略。

-L 或--list<链名>：查看 iptables 规则列表。

-A 或--append<链名>：在规则列表的最后增加一条规则。

-I 或--insert<链名>：在指定的位置插入一条规则。

-D 或--delete<链名>：在规则列表中删除一条规则。

-R 或--replace<链名>：替换规则列表中的某条规则。

-F 或--flush<链名>：删除表中的所有规则。

-Z 或--zero<链名>：将表中所有链路的计数器和流量计数器都清零。

（3）匹配选项。匹配选项指定数据包与规则匹配所应具有的特征，包括源地址、目的地址、传输协议（如 TCP、UDP、ICMP）和端口号（如 80、21、110）等。

-i 或--in-interface<网络接口>：指定数据包是从哪个网络接口进入。

-o 或--out-interface<网络接口>：指定数据包是从哪个网络接口输出。

-p 或--porto<协议类型>：指定数据包匹配的协议，如 TCP、UDP。

-s 或--source<源地址或子网>：指定数据包匹配的源地址。

--sport<源端口号>：指定数据包匹配的源端口号，可以使用"起始端口号：结束端口号"的格式指定一个范围的端口 。

-d 或--destination<目标地址与子网>：指定数据包匹配的目标地址。

--dport<目标端口号>：指定数据包匹配的目标端口号，可以使用"起始端口号：结束端口号"的格式指定一个范围的端口。

（4）动作选项。动作选项指定当数据包与规则匹配时，应该进行什么操作，如接收或丢弃等。

ACCEPT：接收数据包。

DROP：丢弃数据包。

REDIRECT：将数据包重新转向本机或另一台主机的某个端口，通常用此功能实现透明代理或对外开放内网的某些服务。

SNAT 源地址转换，即改变数据包的源地址。

DNAT 目标地址转换，即改变数据包的目的地址。

MASQUERADE IP 伪装，即常说的 NAT 技术。MASQUERADE 只能用于 ADSL 等拨号上网的 IP 伪装，也就是主机的 IP 地址是由 ISP 动态分配的；如果主机的 IP 地址是静态固定的，就要使用 SNAT。

LOG 日志功能，即将符合规则的数据包的相关信息记录在日志中，以便管理员进行分析和排错。

### 5. iptables 命令的使用

（1）查看 iptables 规则。初始的 iptables 没有规则，但是如果在安装时选择自动安装防火墙，系统中会有默认的规则存在，可以先查看默认的防火墙规则。

#iptables [-t 表名] <-L> <链名>

[-t 表名]：定义查看哪个表的规则列表，表名可以使用 filter、nat 和 mangle。如果没有定义表名，默认使用 fliter 表。

<-L>：列出指定表和指定链的规则。

<链名>：定义查看指定表中哪个链的规则，如果不指明哪个链，将查看某个表中所有链的规则。

#iptables -L -n（查看 filter 表所有链的规则）。

注意：在最后添加-n 参数，可以不进行 IP 与 HOSTNAME 的转换，显示的速度会快很多。

#iptables -t nat -L OUTPUT （查看 nat 表 OUTPUT 链的规则）。

（2）定义默认策略。当数据包不符合链中任何一条规则时，iptables 将根据该链默认策略来处理数据包。默认策略的定义方法如下：

#iptables [-t 表名] <-P> <链名> <动作>

[-t 表名]：定义查看哪个表的规则，表名可以使用 filter、nat 和 mangle，如果没有定义表名，默认使用 filter 表。

<-P>：定义默认策略。

<链名>：定义查看指定表中哪个链的规则，如果不指明哪个链，将查看某个表中所有链的规则。

<动作>：处理数据包的动作，可以使用 ACCEPT（接受）和 DROP（丢弃）。

#iptables -P INPUT ACCEPT （将 filter 表 INPUT 链的默认策略定义为接受）。

#iptables -t nat -P OUTPUT DROP （将 nat 表 OUTPUT 链的默认策略定义为丢弃）。

创建一个最简单的规则范例。对于没有经验和时间的用户而言，设置一个简单而又实用的规则是必要的，最基本的规则是"先拒绝所有数据包，然后再允许需要的数据包"，也就是说通常为 filter 表的链定义。一般都将 INPUT 定义为 DROP，这样就可以阻止任何数据包进入，其他项目定义为 ACCEPT，这样对外发送的数据就可以出去。

```
#iptables -P INPUT DROP
#iptables -P FORWARD ACCEPT
#iptables -P OUTPUT ACCEPT
```

（3）增加、插入、删除和替换规则。

#iptables [-t 表名] <-A | I | D | R>链名 [规则编号] [-i | o 网卡] [-p 协议类型] [-s 源 IP | 源子网] [--sport 源端口号] [-d 目标 IP | 目标子网] [--dport 目标端口号] <-j 动作>

[-t 表名]：定义查看哪个表的规则，表名可以使用 filter、nat 和 mangle，如果没有定义，默认使用 filter 表。

-A：新增一条规则，该规则将增加到规则列表的最后一行，该参数不能使用规则编号。

-I：插入一条规则，该位置上原来的规则就会向后顺序移动，如果没有指定规则编号，则在第一条规则前插入。

-D：删除一条规则，可以输入完整规则，或直接指定规则编号。

-R：替换某条规则，规则被替换并不会改变顺序，必需指定替换的规则编号。

<链名>：指定查看指定表中某条链的规则，可以使用 INPUT、OUTPUT、FORWARD、PREROUTING、OUTPUT、POSTROUTIN。

[规则编号]：规则编号是在插入、删除和替换规则时用，编号是按照规则列表的顺序排列，第一条规则编号为 1。

[-i | o 网卡名称]：i 是指数据包从哪块网卡输入，o 是指数据包从哪块网卡输出。

[-p 协议类型]：可以指定规则应用的协议，包含 TCP、UDP、ICMP 等。

[-s 源 IP | 源子网]：数据包的源 IP 或源子网。

[--sport 源端口号]：数据包的源端口号。

[-d 目标 IP | 目标子网]：数据包的目标 IP 或目标子网。

[--dport 目标端口号]：数据包的目标端口号。

<-j 动作>：处理数据包的动作。

#iptables -A INPUT -i lo -j ACCEPT（追加一条规则，接收所有来自 lo 接口的数据包）

#iptables -A INPUT -s 192.168.0.44 -j ACCEPT（追加一条规则，接收所有来自 192.168.0.44 的数据包）。

#iptables -A INPUT -s 192.168.0.44 -j DROP　（追加一条规则，丢弃所有来自 192.168.0.44 的数据包）。

**注意**：iptables 是按照顺序读取规则的，如果两条规则冲突，以排在前面的规则为准。

#iptables -I INPUT 3 -s 192.168.1.0/24 -j DROP　（在 INPUT 链中的第 3 条规则前插入一条规则，丢弃所有来自 192.168.1.0/24 的数据包）。

**注意**：-I 参数如果没有指定插入的位置，将插入到所有规则的最前面。

#iptables -D INPUT 2　（删除 filter 表中 INPUT 链中的第 2 条规则）。

#iptables -R INPUT 2 -s 192.168.10.0/24 -p tcp --dport 80 -j DROP　（替换 filter 表 INPUT 链中第 2 条规则为，禁止 192.168.10.0/24 访问 TCP 的 80 端口）。

（4）清除规则和计数器。在新建规则时，往往需要清除原有的或旧的规则，以免影响新规则。如果规则较多，逐条删除比较麻烦，可以使用清除规则参数快速删除所有规则。

#iptables [-t 表名] <-F | Z>

[-t 表名]：指定策略将应用于哪个表，可以使用 filter、nat 和 mangle，如果没有指定，默认为 filter 表。

-F：删除指定表中所有规则。

-Z：将指定表中数据包计数器和流量计数器归零。

#iptables -Z　（将 filter 表中数据包计数器和流量计数器清零）。

#iptables -F　（删除 filter 表中的所有规则）。

（5）记录与恢复防火墙规则。可以使用记录与恢复防火墙规则命令，将现有防火墙机制复制下来，在需要恢复时直接恢复即可。

#iptables-save > 文件名　（记录当前防火墙规则）。

#iptables-restore > 文件名　（将防火墙规则恢复到当前主机环境）。

## 📖 案例分析与解决

# 13.2　案例十三　配置 iptables 防火墙

小杨作为 Linux 系统管理员进入公司后，发现公司的 Linux 服务器没有配置防火墙，存在很大的安全风险，于是他决定加强安全措施。公司使用一台运行 Linux 系统的服务器作为网关，分别连接 3 个网络，其中 LAN1 为普通员工电脑所在的局域网，LAN2 为 DNS 缓存服务器所在的局域网。eth0 通过 10MB 光纤，需要配置 iptables 防火墙。

## 13.2.1　IP 地址与端口过滤

实验要求如图 13-1 所示。

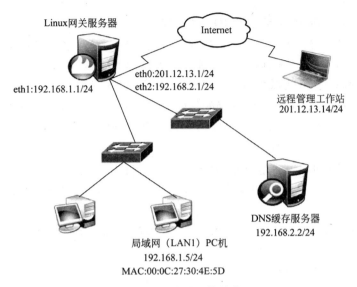

图 13-1 实验拓扑结构

入站控制:

允许 Internet 上的主机访问网关服务器的 21、25、80、110、143 端口。

允许 IP 地址为 201.12.13.14 的远程管理主机访问网关的 22 号端口,并记录访问日志。

允许 IP 地址为 192.168.1.5、MAC 地址为 00:0C:27:30:4E:5D 的主机访问网关的 22 号端口。

仅允许局域网的 LAN1.192.168.1.0/24 访问 3128 端口的代理服务。

转发控制:

允许局域网的 LAN1.192.168.1.0/24 访问 LAN2 的 DNS 服务器(192.168.2.2)。

其他计算机没有明确许可的数据包入站访问,全部丢弃。数据包出站访问都允许。

(1)给 Linux 网关服务器(iptables)添加 3 块网卡,分别桥接 VMnet1、2、3,如图 13-2 所示。

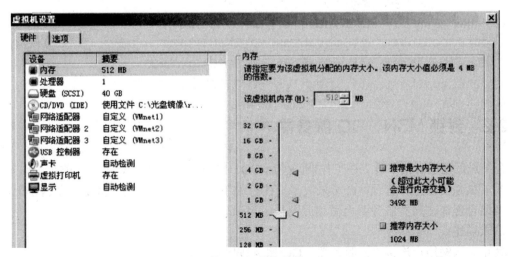

图 13-2 添加网卡

（2）配置 3 块网卡的 IP 地址，并重启网卡服务。

```
[root@localhost ~]#ifconfig eth0 201.12.13.1 netmask 255.255.255.0
[root@localhost ~]#ifconfig eth1 192.168.1.1 netmask 255.255.255.0
[root@localhost ~]#ifconfig eth2 192.168.2.1 netmask 255.255.255.0
```

（3）允许从 Internet 访问网关服务器的指定端口。

```
[root@localhost ~]# iptables -A INPUT -p tcp -m multiport --dport
21,25,80,110,143 -j ACCEPT
```

（4）允许来自外网指定主机的 SSH 访问，并记录日志。

```
[root@localhost ~]# iptables -A INPUT -s 201.12.13.14 -p tcp --dport
22 -j ACCEPT
[root@localhost ~]# iptables -A INPUT -s 201.12.13.14 -p tcp --dport
22 -m limi
t --limit 4/hour -j LOG
```

（5）允许来自内网指定主机的 SSH 访问。

```
[root@localhost ~]# iptables -A INPUT -i eth1 -s 192.168.1.5 -m mac
--mac-sourc
e 00：0C：27：30：4E：5D -p tcp --dport 22 -J ACCEPT
```

（6）允许局域网段使用代理服务器。

```
[root@localhost ~]# iptables -A INPUT -s 192.168.1.0/24 -p tcp
--dport 3128 -j
ACCEPT
```

（7）允许局域网主机访问 DNS 服务器。

```
[root@localhost ~]# iptables -A FORWARD -s 192.168.1.0/24 -d
192.168.2.2 -p udp --dport 53 -j ACCEPT
[root@localhost ~]# iptables -A FORWARD -s 192.168.1.0/24 -d
192.168.2.2 -p udp --sport 53 -j ACCEPT
```

（8）filter 表 INPUT、FORWARD 链缺省策略设为 DROP。

```
[root@localhost ~]# iptables -P INPUT DROP
[root@localhost ~]# iptables -P FORWARD DROP
[root@localhost ~]# iptables -P OUTPUT ACCEPT
```

## 13.2.2　封锁 MSN、QQ 服务器

公司最近发现有很多员工在工作期间使用 QQ、MSN 等工具聊天，严重影响了工作效率。

为了加强工作纪律管理，公司采取了一些行政手段禁止员工采用类似工具私自聊天，同时要求网络管理员在网关服务器上做相应的技术封锁。

需求描述：

禁止局域网用户连接 QQ 服务器、QQ 服务程序端口。

禁止局域网用户连接 MSN 服务器、MSN 服务程序端口

实现思路:

### 1. 获取 MSN 服务器地址（messenger.hotmail.com、gateway.messenger.hotmail.com）和端口号（1863）

（1）使用 Sniffer 抓包工具获取 MSN 服务器地址、端口地址等（或从 Internet 获得）。

```
#:messenger.hotmail.com、gateway.messenger.hotmail.com、ner. pass-
port.com
```

（2）通过 nslookup 解析到对应的 IP 地址（或模糊匹配到网段）。

```
#: 207.46.96.154、207.46.28.153、218.241.97.60
```

### 2. 获取 QQ 登录使用的服务器地址和端口号（建议定期更新）

（1）使用同上方法获取 QQ 登录使用的服务器地址和端口号（对于早期的 QQ 版本，可以在安装路径下查找 config.db 文件，用记事本查看获知）。

```
#:219.133.48.103、219.133.48.104、219.133.48.105、219.133.48.106……
#:219.133.49.124、219.133.49.125、219.133.49.206、219.133. 49.211……
```

（2）若服务器地址较多，可以使用模糊匹配到网段，如 219.133.0.0/16。

### 3. 利用 iptables 做策略限制 QQ 与 MSN。

QQ 服务器端口为 8000，客户端端口为 4000（开启第二个 QQ 时为 4001，依次类推），均为 UDP。MSN 端口数较多，1863 为登录所需要的端口以及 3000~4000 等。MSN 服务器为 gateway.messenger.hotmail.com。

```
[root@localhost ~]#iptables -A FORWARD -s 192.168.1.0/24 -d
207.46.96.154 -j DROP    #丢弃内网去往 207.46.96.154 的数据包
[root@localhost ~]#iptables -A FORWARD -s 192.168.1.0/24 -d
207.46.96.154 -p tcp -dport 443 -j drop #丢弃内网去往 207.46.96.154tcp
端口为 443 的数据包，相当于禁止通过 Web 访问 MSN。
[root@localhost ~]# iptables -A FORWARD -s 192.168.1.0/24 -d
207.46.96.154 -p tcp -dport 80 -j drop #丢弃内网去往 207.46.96.154tcp
端口为 80 的数据包，相当于禁止通过 Web 访问 MSN。
[root@localhost ~]#iptables -A FORWARD -s 192.168.1.0/24 -p tcp
-dport 1863 -j DROP #丢弃目的 tcp 端口为 1863 的数据。
```

### 4. 利用 shell 脚本保存设置。

可直接利用 shell 脚本进行防火墙规则的设置，当局域网网段发生变化或 MSN 及 QQ 服务器地址发生改变的时候，只要修改脚本中变量的值即可。

变量 LAN_IP 为局域网网段地址。

变量 MSN_SVRS 为 MSN 服务器地址。

变量 QQ_SVRS 为 QQ 服务器地址。

使用编辑器编写如图 13-3 所示内容，并返回提示符输入 "bash 脚本名" 即可生效。

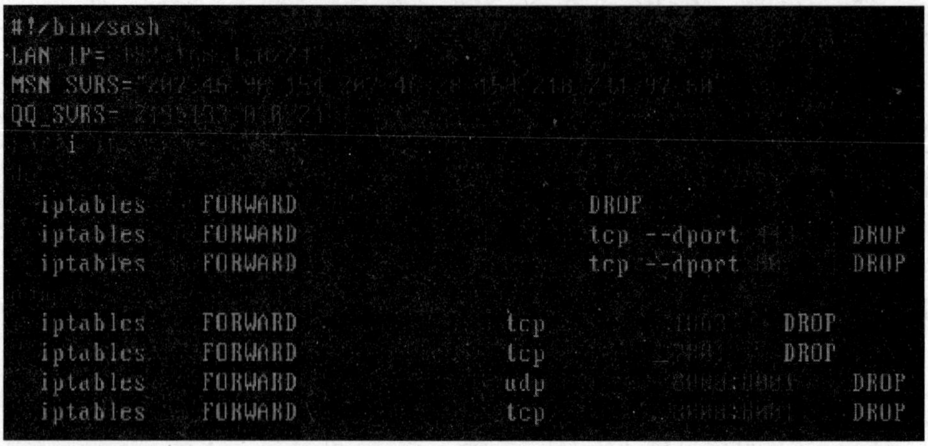

图 13-3　编辑脚本

## 📖 扩展任务

小杨的办公网采用 Windows server 2003 作为服务器操作系统代理上网，结果该服务器经常遭受病毒的侵袭，导致办公网经常断网。需要用 Linux 系统自带的防火墙软件包来构建软路由，实现办公网简单、安全地访问外部网络。

## ● 小　结

本章主要结合企业对网络安全的实际需要，首先介绍了 Linux 服务器安全的重要性、防火墙的基本原理，再重点介绍了 Linux 防火墙 iptables、iptables 的基本组成、iptables 的数据传输过程以及 iptables 的命令格式和编写方法。最后用实际的案例对 Linux 防火墙 iptables 进行了讲解，通过本章的学习，能够掌握 iptables 防火墙的配置与管理方法。

## ● 习　题

1．定制策略

（1）设定 INPUT 为 ACCEPT。

（2）设定 OUTPUT 为 ACCEPT。

（3）设定 FORWARD 为 ACCEPT。

2．定制源地址访问策略

（1）接收来自 192.168.0.3 的 IP 访问。

（2）拒绝来自 192.168.0.0/24 网段的访问。

3．记录目标地址 192.168.0.3 的访问，并查看/var/log/message

4．定制端口访问策略

（1）拒绝任何地址访问本机的 111 端口。

（2）拒绝 192.168.0.0/24 网段的 1024-65534 的源端口访问 SSH。

5．定制防火墙的 NAT 访问策略

（1）清除所有策略。

（2）重置 ip_forward 为 1。

（3）通过 MASQUERADE 设定来源于 192.168.6.0 网段的 IP 通过 192.168.6.217 转发出去。

（4）通过 iptables 观察转发的数据包。

6．定制防火墙的 NAT 访问策略

（1）清除所有 NAT 策略。

（2）重置 ip_forward 为 1。

（3）通过 SNAT 设定来源于 192.168.6.0 网段通过 eth1 转发出去。

（4）用 iptables 观察转发的数据包。

# 第四部分　Linux实战

# 第 14 章

# Linux 项目实战

本项目案例来源于 Linux 企业的实际网络环境，可适用于大多数以 Linux 服务器应用为主的中、小型企业。

其中将涉及之前学习过的所有网络服务、安全应用技术，需要将它们有机地结合在一起，为企业提供一个整体的协同工作环境。

## 📖 学习目标

- ☐ 熟悉基于 Linux 系统的企业网络架构
- ☐ 掌握网站/邮件、域名系统、防火墙、监控系统等重点应用的构建过程
- ☐ 学会协调各种服务程序协同工作

## 📖 相关知识

## 14.1 需求分析

xy 公司是一家拥有 500 多名员工的新型 IT 企业，公司本部的网络系统拥有 500 多台办公 PC 及多台 Linux 服务器，员工办公网络划分为 3 个不同的物理网段。根据公司长期业务发展需要，基于信息系统的稳定性与健康性考虑，拟将公司各主要的应用服务器更换为 CentOS 5 操作系统。

### 14.1.1 构建企业网站与邮件系统

第一部分的需求是：构建企业网站和邮件系统应用平台，其中 Web、Mail 服务的网页界面通过 Apache 的虚拟主机服务提供。

**1. 构建公司的对外 Web 站点**

xy 公司需要对外提供产品宣传网站，并开放中文论坛服务，通过 FTP 方式进行维护。

**2. 构建完整的电子邮件收发系统**

xy 公司需要构建完整的电子邮件收发系统，包括发信服务器、收信服务器。在客户端能够

实现 Web 收发邮件, 让用户无须安装邮件客户端即可收发邮件。

### 3. 虚拟主机

Web 服务和邮件服务需要在同一台主机中提供, 即使用虚拟主机技术。

## 14.1.2 构建企业域名系统

第二部分的需求是: 构建企业应用网关及域名系统, 在内网中对本地域名进行解析, 内网客户机无须设置其他 DNS 服务器。

### 1. 构建 DNS 服务器

xy 公司需要面向内外网提供 xy.com 域名的解析, 并面向内网提供 DNS 解析缓存服务。

### 2. 构建 Linux 网关服务器

xy 公司内部划分为 3 个网段, 并让 3 个局域网段的用户能够共享上网。日常工作中能够从 Internet 访问公司的网站、邮件、DNS 等系统。

### 3. 构建 DHCP 服务器

由于公司内部被划分为 3 个网段, 因此需要为 3 个网络的客户机提供 IP 地址等参数, 可使用 DHCP 动态分配 IP 地址。

## 14.1.3 构建企业服务器管理监控系统

第三部分的需求是: 构建企业服务器监控系统, 其中, 远程登录访问需要结合网关服务器中的防火墙策略进行。

### 1. 构建服务器性能监控系统

公司为防止服务器宕机, 需要对服务器的各项指标进行监控, 因此提供集中监控各服务器的可视化 Web 界面。

### 2. 构建局域网流量监控系统

公司需要对用户使用的数据流量进行监控, 方便及时了解各主机的带宽占用情况。

### 3. 构建漏洞检测系统

为保障服务器安全, 需定期或随机地检测服务器的安全弱点。

### 4. 构建远程登录访问控制系统

为方便管理员随时管理服务器, 允许管理员从内外网远程管理各服务器。

# 14.2　问题分析

明确项目需求以后，分析项目环境中的网络拓扑结构，网络拓扑结构如图 14-1 所示。

需要服务器 6 台：其中 GW1、GW2 分别用作外网、内网的网关（防火墙），其余的 Svr1～Svr4 用于提供企业的网站/邮件、DNS、DHCP、监控服务等。

网络结构包括 3 个内部物理网段、1 个 DMZ 缓冲区网络（服务器区域），GW1 外网网关直接接入 Internet。

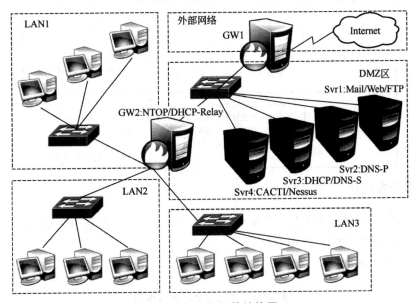

**图 14-1　网络拓扑结构图**

## 14.2.1　规划网络区域

根据网络拓扑图规划网络区域：

LAN1 为外网区域，通过网通 100MB 光纤接入到 Internet，申请到的公网 IP 为 218.54.56.58/30，默认网关地址为 218.54.56.57。

LAN2 为 DMZ 区域，即服务器区域、安全缓冲区域，规划好 IP 地址段为 192.168.1.0/24。

LAN3 为内网区域，包括 3 个物理网段，分别为 192.168.2.0/24、192.168.3.0/24、192.168.4.0/24。

DMZ 区即 DeMilitarized Zone，非军事化区。通常指的是位于公司内部网络和外部网络之间的物理网络，用来提供内外网之间额外的安全缓冲区域。

DMZ 有时候又称为服务器区域，公司需要对外发布的服务器主机通常位于该网络内，允许外部网络对这些服务器进行有限制的访问，而内网中的主机是禁止从外网中直接访问的。

## 14.2.2　规划各服务器角色

### 1.　网关主机规划

网关主机规划见表 14-1。

表 14-1　网关主机规划

| 主机名 | 网络接口参数 | 主要功能 |
|---|---|---|
| GW1（外网网关） | eth0：192.168.1.254/24<br>eth1：218.54.56.58/30<br>默认网关地址：218.54.56.57 | 外部防火墙<br>SNAT 共享上网<br>DNAT 发布 DMZ 区应用服务 |
| GW2（内网网关） | eth0：192.168.1.1/24<br>eth1：192.168.2.1/24<br>eth2：192.168.3.1/24<br>eth3：192.168.4.1/24<br>默认网关地址：192.168.1.254 | 内部防火墙<br>SNAT 共享上网<br>Squid 透明代理<br>DHCP 中继<br>NTOP 局域网监控 |

### 2.　应用服务器规划

应用服务器位于 DMZ 区域内，共 4 台，所有应用服务器的默认网关地址均设为 192.168.1.254（外部网关主机的 DMZ 接口地址）。

应用服务器具体规划见表 14-2。

表 14-2　应用服务器具体规划

| 主机名 | 网络接口参数 | 主要功能 |
|---|---|---|
| Svr1 | eth0：192.168.1.11/24<br>默认网关地址：192.168.1.254 | Apache 网站服务<br>Postfix 邮件系统<br>VSFTP 服务 |
| Svr2 | eth0：192.168.1.12/24<br>默认网关地址：192.168.1.254 | 主 DNS 服务(兼 DNS 缓存) |
| Svr3 | eth0：192.168.1.13/24<br>默认网关地址：192.168.1.254 | DHCP 服务<br>辅助 DNS 服务 |
| Svr4 | eth0：192.168.1.14/24<br>默认网关地址：192.168.1.254 | CACTI 监控系统<br>Nessus 漏洞扫描系统<br>SSHD 远程访问 |

### 3.　客户机地址规划

公司内网中的员工电脑所使用的地址参数，需要明确默认网关地址、DNS 服务器地址的配置。各局域网中的客户机统一使用公司内部的 2 台 DNS 服务器进行域名解析：192.168.1.12、192.168.1.13。

客户机地址规划见表 14-3。

表 14-3　客户机地址规划

| 局域网段 | 默认网关地址 | DNS 服务器地址 |
|---|---|---|
| 192.168.2.0/24 | 192.168.2.1 | 192.168.1.12<br>192.168.1.13 |
| 192.168.3.0/24 | 192.168.3.1 | |
| 192.168.4.0/24 | 192.168.4.1 | |

**思考**：本项目中使用了几台服务器，各自提供哪些应用？其中内网网关主机需要添加几块网卡？

# 14.3　实施步骤

本项目可使用虚拟机模拟项目环境。

## 14.3.1　准备项目环境

### 1. 准备软件资源

确认所需使用的软件资源：CentOS 5 系统的 DVD 光盘镜像、各服务器角色所需要的额外软件，包如 Discuz! 等。

确认完毕后，安装所需的虚拟机操作系统，安装过程中勾选开发工具包，禁用 SELinux 和防火墙。根据服务器的角色规划确定需要安装的软件包，如 dhcp、bind、vsftpd、httpd 等。

### 2. 配置内外网关虚拟网卡

外部网关主机 GW1 需要有 2 块虚拟网卡，分别使用 VMnet0、VMnet1。

内部网关主机 GW2 需要有 4 块虚拟网卡，分别使用 VMnet0、VMnet1、VMnet2、VMnet3。

外网测试机 PC1 需要 1 块虚拟网卡即可，可以使用 VMnet1。

内网测试机 PC2 也只需 1 块虚拟网卡，可以使用 VMnet1，必要时可以更换为 VMnet2、VMnet3 以便作为不同网段的客户机切换。

网关虚拟网卡设置见表 14-4。

表 14-4　网关虚拟网卡设置

| 虚拟机 | 用途 | 虚拟网卡 | IP 地址 |
|---|---|---|---|
| 第 1 台 | gw1.benet.com | VMNET0<br>VMNET1 | 192.168.1.254/24<br>218.54.56.58/30 |
| 第 2 台 | 外网测试机 PC1 | VMNET1 | 218.54.56.57/30 |
| 第 3 台 | gw2.benet.com | VMNET0<br>VMNET1<br>VMNET2<br>VMNET3 | 192.168.1.1/24<br>192.168.2.1/24<br>192.168.3.1/24<br>192.168.4.1/24 |

续表

| 虚拟机 | 用途 | 虚拟网卡 | IP 地址 |
|---|---|---|---|
| 第 4 台 | 内网测试机 PC2 | VMNET1 | 192.168.2.100/24 |

### 3. 配置服务器虚拟网卡

Svr1～Svr4 这 4 台应用服务器都只需要有 1 块虚拟网卡即可，使用默认桥接（VMnet0）组成 DMZ 区网络。

确认各虚拟网卡连接正确后，根据所规划的方案配置各虚拟机的 IP 地址等参数，并进行测试确保各网段相互连通。

根据规划方案配置各主机的 IP 地址等参数，见表 14-5。

表 14-5　服务器虚拟网卡设置

| 虚拟机 | 用途 | 虚拟网卡 | IP 地址 |
|---|---|---|---|
| 第 1 台 | svr1.benet.com | VMNET0 | 192.168.1.11/24 |
| 第 2 台 | svr2.benet.com | VMNET0 | 192.168.1.12/24 |
| 第 3 台 | svr3.benet.com | VMNET0 | 192.168.1.13/24 |
| 第 4 台 | svr4.benet.com | VMNET0 | 192.168.1.14/24 |

## 14.3.2　项目实施

### 1. 搭建网站和邮件应用平台

配置 Svr1 服务器为网站/邮件服务器，配置要点如下：

（1）安装 httpd、mysql、php，配置基于域名的 Web 虚拟主机。

（2）架设 Discuz! 中文论坛程序，如图 14-2 所示。

（3）架设基于 Postfix 的电子邮件系统。

（4）架设 vsftpd 服务以便用户维护网站内容。

电子邮件系统的组件能够实现收信、发信及 Web 邮件等基本功能，可以使用 Postfix＋Dovecot＋Extmail 等组件，并可添加防病毒、反垃圾邮件等扩展功能。

配置 GW2 内部网关，开启路由转发功能，以便内网用户可以访问 Svr1 主机。

```
[root@gw2 CentOS]# iptables -t nat -A POSTROUTING -s 192.168.2.0/24
-o eth0 -j SNAT --to-source 192.168.1.1
[root@gw2 CentOS]# iptables -t nat -A POSTROUTING -s 192.168.3.0/24
-o eth0 -j SNAT --to-source 192.168.1.1
```

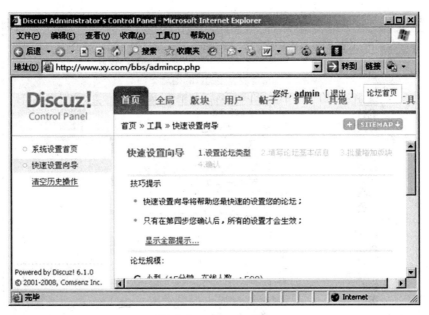

图 14-2　Discuz！论坛

## 2. 配置应用网关及域名系统

配置 Svr2 服务器为 DNS 服务器：配置 BIND 主域名服务，提供缓存及分离解析。

配置 Svr3 服务器为 DNS/DHCP 服务器：配置 BIND 从域名服务，并配置 DHCP 服务，提供 3 个内网段的地址的动态分配。

配置 GW2 内部网关：配置 DHCP 中继服务、Squid 透明代理服务、SNAT 共享上网策略。

配置 GW1 外部网关：配置 SNAT 共享上网策略、DNAT 策略发布、DMZ 区的应用服务器。

GW2 设置 SNAT 策略时，转换的目标地址应为本机在 DMZ 区的 IP 地址。

```
[root@gw2 CentOS]# iptables -t nat -A POSTROUTING -s 192.168.2.0/24
-o eth0 -j SNAT --to-source 192.168.1.1
```

GW1 设置 SNAT 策略时，转换的目标地址应为本机在 Internet 中的公网 IP 地址。

```
[root@gw1 CentOS]# iptables -t nat -A POSTROUTING -s 192.168.2.0/24
-o eth0 -j SNAT --to-source 218.54.56.58
```

GW1 设置 DNAT 策略时，应注意核对企业需求，只发布需要开放的端口。

```
[root@gw1 CentOS]#iptables -t nat -A PREROUTING -i eth1 -d
218.54.56.58 -p tcp --dport 80 -j DNAT --to-destination 192.168.1.11
#对外开放网站
```

## 3. 服务器管理监控系统

配置网关与所有服务器的 snmpd 服务，以便提供监控数据。并配置 OpenSSH 服务器，以便提供远程登录管理，图 14-3 所示为 ssh 客户端界面。

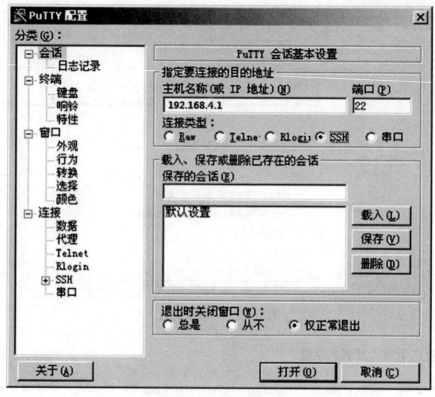

图 14-3　ssh 客户端界面

配置 Svr4 服务器的 Cacti 监控系统，并配置 Nessus 漏洞检测系统，如图 14-4 所示。

图 14-4　Cacti 监控界面

配置 GW2 内部网关的 ntop，进行局域网流量监控，如图 14-5 所示。

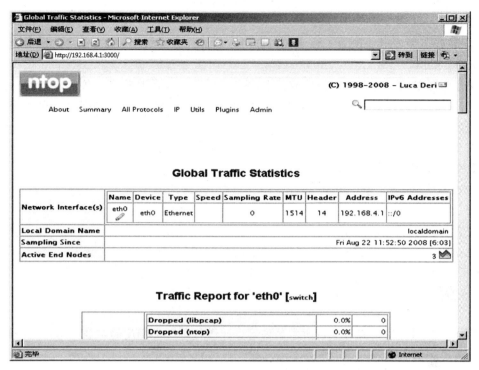

图 14-5　ntop 流量监控界面

## 14.3.3　验证实施结果

### 1. 部分测试目标

分别验证 DNS 解析、Web 站点、邮件系统、监控系统、远程登录、代理服务等各类应用是否成功。

### 2. 整体测试目标

使用内部测试机 PC2，通过 DHCP 的方式自动配置地址。

在外部测试机 PC1 中，应能访问企业的 Web 站点、电子邮件系统等应用。

在 PC2 中应能够透明访问位于 PC1 中的 Web 服务。

## 📖 扩展任务

使用虚拟机来模拟此项目环境，每 6 名成员组成一个小组。

每名成员各安装 1 台虚拟机，作为相应的网关或者应用服务器，这 6 台虚拟机之间通过 VMnet0（默认桥接）的方式相互连接。

成员机 1 中需安装、配置 2 台虚拟机，分别作为外网网关（GW1）、外网测试机（PC1）使用。

成员机 2 中也需安装、配置 2 台虚拟机，分别作为内网网关（GW2）、内网测试机（PC2）

使用。

成员机 3～6 各安装、配置 1 台虚拟机即可，依次作为 DMZ 区域内的 4 台服务器：Svr1、Svr2、Svr3、Svr4。

如果小组成员不足 6 名，可以只安排 2 名学员配置这 4 台服务器（各负责 2 台）。

**注意**：不要发生 IP 地址冲突的情况。更改 DMZ 区的网络地址，不要都使用 192.168.0.0/24 网段。例如：

第 1 小组使用 192.168.10.0/24 网段

第 2 小组使用 192.168.20.0/24 网段

第 3 小组使用 192.168.30.0/24 网段

……

在配置 DHCP 服务时限制只监听本网卡地址，而不是所有地址。

修改 /etc/sysconfig/dhcpd 配置文件的"DHCPDARGS="eth0""。

## ● 小　结

本章以一个项目案例回顾之前所学的内容，并进行了一定程度的扩展，比如网络监控的内容、使用常用扫描和嗅探工具、服务器漏洞检测、远程登录管理及访问控制、监控服务器性能和流量、监控局域网流量。另外还需要具备一定的网络安全知识。

# 参 考 文 献

[1]  [美]Evi Nemeth. UNIX/Linux 系统管理技术手册[M]. 4 版. 张辉，译. 北京：人民邮电出版社，2012.

[2]  [美]Richard Blum，Christine Bresnahan. Linux 命令行与 shell 脚本编程大全[M]. 2 版. 武海峰，译. 北京：人民邮电出版社，2012.

[3]  鸟哥，王世江. 鸟哥的 Linux 私房菜[M]. 北京：人民邮电出版社，2010.

[4]  高俊峰. 高性能 Linux 服务器构建实战：运维监控、性能调优与集群应用[M]. 北京：机械工业出版社，2012.

[5]  丁明一. Linux 运维之道[M]. 北京：电子工业出版社，2014.

参 考 文 献